国家自然科学基金项目（41701437）
东华理工大学测绘科学与技术一流学科
东华理工大学测绘工程国家一流专业建设点　　联合资助
东华理工大学地理信息科学江西省一流专业建设点
东华理工大学公共管理学科建设

基于 CNN 的单像地理场景重建

刘　丹　著

地质出版社
· 北　京 ·

内 容 提 要

影像作为表达现实世界的有效载体，承载着丰富的地理信息，如物体之间的相对大小、空间位置关系等。从影像中获取场景的三维信息一直是摄影测量、地理信息科学、计算机视觉等的重要研究内容，在智慧城市、城市规划、地质勘探、旅游、考古、医学等众多领域，有着迫切的现实需求。

本书以单幅近景影像为研究对象，借助卷积神经网络 CNN 独特的优势，系统地论述了基于 CNN 的单像地理场景重建理论与方法，重点介绍了图像语义分割、深度模板的构建以及单像深度重建方面的研究成果，为从事相关工作的生产、科研和教学人员提供了重要的参考资料。

图书在版编目（CIP）数据

基于 CNN 的单像地理场景重建／刘丹著．—北京：地质出版社，2021.6

ISBN 978－7－116－12678－7

Ⅰ．①基…　Ⅱ．①刘…　Ⅲ．①地理信息学　Ⅳ．①P208

中国版本图书馆 CIP 数据核字（2021）第 110842 号

JIYU CNN DE DANXIANG DILI CHANGJING CHONGJIAN

责任编辑：田　野　李云浮
责任校对：关风云
出版发行：地质出版社
社址邮编：北京市海淀区学院路 31 号，100083
电　　话：（010）66554528（邮购部）；（010）66554631（编辑室）
网　　址：http：//www. gph. com. cn
传　　真：（010）66554686
印　　刷：北京地大彩印有限公司
开　　本：787 mm×1092 mm　1/16
印　　张：8. 5
字　　数：210 千字
版　　次：2021 年 6 月北京第 1 版
印　　次：2021 年 6 月北京第 1 次印刷
定　　价：58. 00 元
书　　号：ISBN 978－7－116－12678－7

前　　言

影像是客观世界的真实映像，蕴含着丰富的信息。随着科学技术的迅速发展以及各类数码相机、手机等摄影设备的应用普及，从二维影像恢复场景的三维结构在几何量测、城市规划、突发公共事件等诸多应用中有着迫切的需求。传统的摄影测量方法需要采用按照一定要求拍摄的多幅影像实现场景的三维重构。但是实际情况中存在很多不是出于摄影测量目的，而是由业余爱好者或者大众拍摄的任意影像，影像之间往往存在特征点不足、基线过大或过小、难以匹配等问题，从而使得传统的摄影测量方法无法正确地恢复场景的三维结构。此外，在很多时候只能够利用场景中的单幅影像，如来自Internet的图片、历史照片等。因此，发展基于单幅影像的地理场景重建的理论与方法在地理信息科学（Geographic Information Science，GIS）、摄影测量和计算机视觉等领域中具有重要的研究价值。

深度学习以更接近人脑的视觉感知机制处理信息，为机器学习和人工智能带来了跨越式的发展。卷积神经网络（Convolutional Neural Network，CNN）是人工神经网络和深度学习相结合的产物，采用局部感受野、权值共享以及空间/时间上的下采样的网络结构，使之与生物神经网络更相仿，在以二维图像为输入的图像处理与理解等任务中有着独特的优势。CNN能够自动地从图像中学习得到有用的特征，避免了传统方法复杂的特征提取、表达和数据重建过程。

本书以单幅近景影像为研究对象，借助CNN独特的技术优势，研究基于单幅影像的深度重建方法。研究工作和成果如下：

1）图像语义分割。图像的语义类别信息是一类非常有用的高层深度线索。作者首先分析总结了现有图像语义分割方法。针对现有基于CNN的图像语义分割技术存在的局限性，考虑图像上下文信息和CNN网络的输入问题，提出了一种基于多尺度CNN的图像语义分割方法。方法在图像超像素分割的基础上，结合多尺度技术和CNN模型，实现图像的语义分割。通过实验验证了多尺度技术和CNN模型的有效性，表明了所用方法可有效地提高图像语义分割的精度。

2）深度模板构建与预测。图像中局部区域的相对深度变化趋势提供了局部区域的细节信息，是恢复精确的场景结构的重要线索。为此，作者提出一种语义约束下的深度模板构建与预测思路。方法首先结合图像的语义类别信息和深度信息，根据局部区域的相对深度变化趋势，构建每类物体的深度模板。在此基础上，设计了一种基于CNN模型的深度模板预测方法，估计图像中局部区域的相对深度变化趋势。通过实验验证了所用方法的有效性。

3）单像深度重建。针对现有单像深度重建方法存在的局限性，作者提出了一种融合CNN与连续的点对条件随机场（Conditional Random Field，CRF）的单像深度重建方法。考虑图像中深度值的连续性，将场景的深度重建视为一个连续的CRF问题。在此基础上，结合图像的语义类别和局部区域的相对深度变化趋势信息，设计了一种融合深层次CNN与CRF的深度重建模型。然后详细地阐述了该模型的网络结构、学习以及推断过程，最后通过实验验证了作者所用方法的有效性。实验结果表明，作者所用方法能够更精确地从单幅影像中恢复场景的三维结构。

基于单幅影像的深度重建是摄影测量和计算机视觉等领域的一个重点和难点，本书借助CNN的独特优势，研究了一种基于CNN的单像深度重建方法。该方法的主要特点包括：①方法结合了图像的语义类别和局部区域的相对深度变化趋势信息。图像的语义类别信息有助于消除物体之间的深度歧义，获取连续、平滑的深度值。局部区域的相对深度变化趋势提供了更多的细节信息，为恢复较为精确的场景结构和物体边界提供了有力的支撑。②采用CNN模型进行特征学习，避免了传统方法复杂的人工显式的特征提取与表达过程。采用连续的点对CRF模型进行建模，能够直接对最大后验概率（Maximum a Posteriori，MAP）推断进行求解而无需采用任何近似估计算法。③将CNN与CRF模型融合在一个CNN框架中，采用点对CRF模型作为CNN网络中损失层的损失函数，可以直接利用反向误差传播算法对整个模型进行学习，而无需分别对CNN和CRF进行学习。

本书在国家自然科学基金项目“单视 & 多视地面影像场景深度重建的统一方法研究”（41701437）、东华理工大学测绘科学与技术一流学科、测绘工程国家一流专业建设点、地理信息科学江西省一流专业建设点、公共管理学科建设等资助下完成。

目　　录

第1章 绪　　论

1.1 研究背景与意义

“百闻不如一见”，视觉是人们感知现实世界的主要渠道。据统计，人们获取的信息大约有75%来源于视觉[1]。现实世界是三维的，而一般从现实世界观察得到的是二维的影像。影像是现实世界的真实映像，是人们观察世界的主要数据源，它客观地表达了地理场景中对象之间的大小、空间位置等信息，承载了丰富的地理信息。人们主要就是通过视觉从二维影像感知和认知三维世界。随着计算机的出现，如何利用计算机视觉代替人类视觉从影像中获取和智能处理信息并还原真实的地理场景成为摄影测量学、计算机视觉等众多领域的重要研究内容。

自Marr视觉理论框架建立以及随后其他计算理论框架发展以来，使得人们相信通过计算机能够从二维影像实现对三维世界的感知。Helmholtz[2]在1924年发表的生理光学论著中系统地阐述了人眼立体视觉与深度的概念，Grimson[3]在1981年首次提出并实现了基于视觉系统的机器视觉算法与模型。自此，从二维影像恢复三维场景结构的技术与方法在摄影测量和计算机视觉等领域逐渐走向成熟。传统的摄影测量和计算机视觉的原理与方法研究表明，从影像恢复场景的三维结构，至少需要场景的两幅或者两幅以上影像，如比较成熟的双/多目视觉理论与方法。它们利用按照一定要求拍摄的多幅影像或者视频序列（如拍摄视频序列时要求拍摄路径的前进方向与拍摄方向要有一定的夹角），通过影像之间的特征点匹配，摄像机标定等过程，计算影像之间的视差信息进而实现三维场景的重建。

但是，随着各类数码相机、摄像机和手机等影像采集设备的日益普及，以及网络技术的广泛应用，图像的来源越来越多元化。在很多时候只能够利用场景的单幅影像，如来自Internet的影像、历史照片，甚至是由志愿者地理信息（Volunteer Geographic Information，VGI）参与者拍摄或上传的任意影像，往往存在特征点不足、基线过大或过小、难以匹配等问题，使得传统的双/多目视觉理论与方法难以达到预期目的。因此，发展突破影像数目及影像之间匹配等束缚的单幅影像三维重建的理论与方法，是GIS、摄影测量学和计算机视觉等理论与发展的必然要求，同时也是共享影像资源的必然需求。近年来，单像解析一直都是国际摄影测量与遥感学会（International Society for Photogrammetry and Remote Sensing，ISPRS）、国际计算机视觉大会（International Conference on Computer Vision，ICCV）、国际计算机视觉与模式识别大会（International Conference on Computer Vision and Pattern Recognition，CVPR）等会议中关注的议题之一。

利用单幅影像恢复场景的三维结构信息是摄影测量学和计算机视觉等领域的主要研究

命题之一，具有重要的理论与应用价值。它仅利用单张近景影像恢复场景的三维结构，不仅能够消除对仪器设备的依赖，弥补传统摄影测量方法的不足（如多幅图像的特征点提取与匹配，多个摄像机的标定等），而且成本低，投入少，进而能够大大地提高重建效率。影像的获取是一个将物方的三维信息映射到像方二维平面的过程，是一个多对一的映射过程，如图 1.1 所示，3D 场景中多个物点映射为 2D 图像上的同一个像点。这一过程必然存在信息的丢失，即深度信息的丢失。这意味着从单幅二维影像恢复场景的三维信息是一个病态逆映射过程，因此从单幅影像恢复场景的深度信息，获取场景的三维结构是一个难题，成为 GIS、摄影测量和计算机视觉等领域的一个巨大的挑战。但是随着各类数码相机、手机等电子设备的智能化和大众化，从单幅影像恢复场景的三维结构无疑能够为大众提供方便快捷的空间信息，这不仅是适应 GIS 社会化和大众化的发展需求，也是当前社会发展的必然趋势。发展基于单幅影像的三维重建技术不仅可以降低空间数据获取的成本，突破传统获取方法的瓶颈，进一步促进 GIS、摄影测量学和计算机视觉等相关领域的发展，还可为大众提供方便快捷的地理场景三维重建方法，实现共享影像资源的充分利用与信息挖掘，为几何量测、虚拟现实、3D 影视制作等应用地理场景模型构建提供技术支持，推进 GIS 社会化、大众化和人性化的发展。

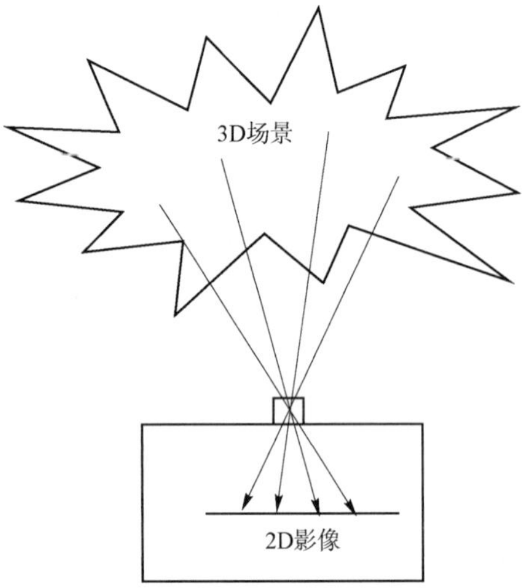

图 1.1　3D 场景投影到 2D 平面

深度图描述了场景中各点到摄像机的距离信息，直接反映了场景中景物的可见表面形状。从图像中恢复场景的深度信息是重建场景三维结构的关键问题。深度图是三维重建的一种表现形式，由它也可直接获得场景的点云数据，获取景物的几何形状、实现 2D 到 3D 的转换等。因此，本书聚焦于单像地理场景深度重建方法的研究，为单像地理场景的三维重建提供重要的理论与技术支持。

1.2　国内外研究现状

影像是现实世界中的三维物体通过某种方式映射到二维平面上形成的，影像中的颜色、纹理等特征间接地反映了三维物体的空间信息。基于单幅影像的深度重建就是根据这些特征恢复场景的深度信息，获取场景的三维结构。基于单幅影像的深度重建技术因其数据获取方便、成本低、普适性高等优点吸引了摄影测量学、计算机视觉、图像处理等领域中众多研究人员的关注，并进行了广泛的研究。

根据获取方式的不同，基于单幅影像的深度重建方法可以分为主动式和被动式获取方法。主动式获取方法主要是指向待测物体发射能量束如激光、超声波、电磁波，然后根据能量束在待测物体表面生成对应的特殊影像，进而根据影像上包含的信息得到待测物体的深度信息，常用的方法有：激光成像雷达、飞行时间方法、结构光测距、Kinect 深度相机等。该类方法能够获得较高的影像精度，但是需要借助仪器设备，采集成本高，普适性不高。相对来说，被动式获取方法直接利用普通的二维影像恢复场景三维结构，具有更简单快捷、普适性高等优势。本书主要针对被动式获取方法（以下均称为基于单幅影像的深度重建方法）的国内外研究现状进行分析总结。

基于单幅影像的深度重建在数学上是一个病态的求解问题，由于缺乏影像之间的视差信息，只能通过先验知识和影像中存在的深度线索恢复场景的深度信息。随着计算机技术以及 3D 显示技术的发展，研究者们在深度重建中引入了大气散射、线性透视、颜色、纹理、遮挡等各种不同的深度线索，提出了许多不同的单像深度重建方法。

如图 1.2 所示，根据使用的深度线索，单像深度重建方法主要可以分为单一线索法和混合线索法两大类。单一线索法根据使用的深度线索有阴影法、纹理法、轮廓法等，目前使用比较广泛的混合线索法主要有基于场景分类、基于几何结构以及基于机器学习的深度重建方法。基于机器学习的方法又可以分为基于传统机器学习和基于深度学习的重建方法。

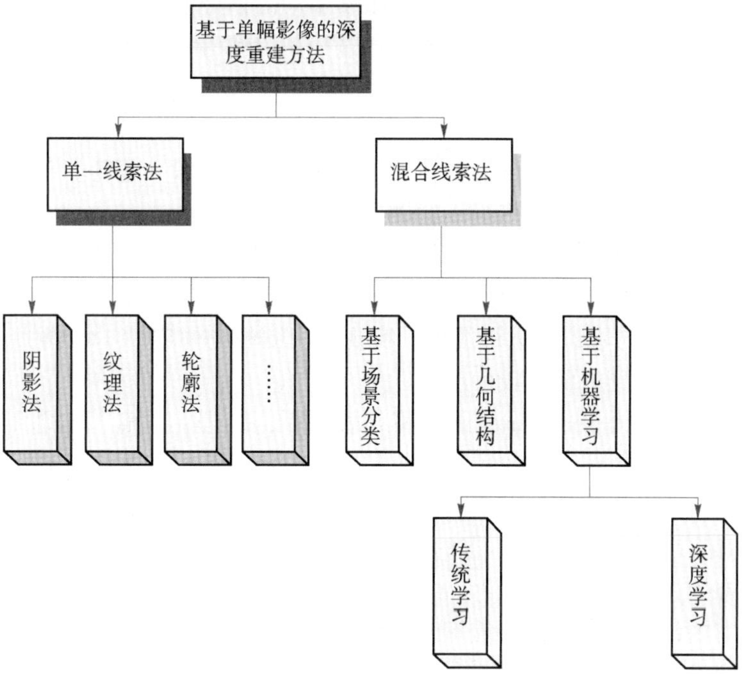

图 1.2　基于单幅影像的深度重建方法分类

1.2.1 单一线索法

人类在观察现实世界时，除了依靠双目视觉系统获得三维信息外，还能够直接从单视角获得的某种线索感知场景的深度信息，故而启发了研究者们利用计算机代替人类从单眼线索感知三维场景信息。

早期研究者们对不同的单眼深度线索进行了探索。1970 年 Horn[4] 首次提出利用影像中阴影线索进行重建的从阴影恢复形状（Shape from shading，SFS）方法。传统的 SFS 方法需要基于朗伯体假设。Vogel 等[5]，Wang 等[6] 提出了非朗伯体的 SFS 模型，Ecker 等[7] 为避免偏微分方程求解的困难，提出了一种多项式的 SFS 方法。该类方法的优点是能够从单幅影像中恢复出较精确的三维模型，但是它对光照条件要求苛刻，要求已知光源的位置以及方向等信息，因此 SFS 方法难以应用于室外场景等光线条件比较复杂的模型重建中。

Wiktin[8] 在 1981 年提出利用纹理线索重建三维物体表面的从纹理恢复形状（Shape from texture，SFT）方法，通过分析影像中物体表面纹理单元的大小与形状，恢复物体的法向量完成三维模型重建。Torralba 等[9]，Lobay 等[10]，Warren 等[11] 在此基础上进行改进研究，发展了不同的 SFT 方法。SFT 方法的优点是精度高，对光照和噪声不敏感，但是只适用于具有规则纹理的物体。

1987 年，Pentland[12] 首次提出使用离焦影像恢复场景深度信息的从散焦恢复形状（Shape from Defocus，SFD）方法，主要就是利用两幅或者两幅以上离散度不同的影像，通过影像的模糊程度获取物体的深度信息。Lai 等[13] 在 1992 年提出一种基于单幅散焦图像的深度估计方法，利用边界的邻近性计算图像的散焦度，进而基于散焦推演图像的深度信息。随后，Torreao 等[14]，苏庆华等[15]，曹风云等[16] 众多研究者对基于单幅散焦图像的深度估计方法进行了探索和研究，发展了很多不同的估计方法。该类方法具有较好的重建效果，且对光源要求比较宽松，但是需要通过控制摄像机参数获取散焦图像，难以实现自动重建。

1983 年，Martin[17] 首次提出从轮廓恢复形状（Shape from Silhouettes/Contour，SFC）方法，通过不同角度的轮廓影像恢复物体的三维结构。近年来，随着基于单幅影像的场景重建的需求增加，逐渐发展了一些基于轮廓的单影像三维重建方法。Chen 等[18] 通过对已有 3D 模型轮廓的学习实现单视图三维重构。Toppe 等人[19] 首先借助人工交互提取物体轮廓，然后基于凸变分方法重建物体的 3D 结构。李成龙等人[20] 利用影像中物体的轮廓线与给定位置下的 3D 模型的轮廓线进行匹配，实现单视图的物体定位。该类方法的重建模型较精细，但是对输入信息的要求较为严格。

上述方法可以统称为 Shape from X（X 代表阴影、纹理、散焦、轮廓等）。这些方法的优点是重建效率高，能够获得较精确的重建效果，但是这些方法通常对影像中物体的形状、反射属性以及曝光程度等有严格的限制，只适用于某些特定场景的重建，适用性低。

进入 21 世纪，随着 3D 影视制作的热潮，发展出了基于遮挡、线性透视、语义等深度线索的深度推导方法。Battiato 等[21] 利用线性透视线索，首先对影像进行区域分割和场景分类，针对室内、含有几何信息的室外、无几何信息的室外三种场景类型的特点采用不同的透视深度图进行描述。Yang 等[22] 首先借助人工交互对图像进行区域分割，然后基于线性透视原理生成局部深度假设图。Jung 等[23] 利用透视图中的相对高度信息，按照由下往上递增的趋势分配深度值，生成一幅阶梯状的深度图。Futragoon 等[24]将物体之间的位置关系分为相等、相连、遮挡、被遮挡、置于和被置于六大类，在图像过分割的基础上，基于超像素之间的位置关系估计场景的相对深度，优化深度估计结果。Palou 等[25]利用遮挡关系判断场景中物体之间的相对深度关系。Varekamp 等[26]通过用户回答图像中给定位置的语义信息，根据这些语义信息自动生成一幅深度图。

这些方法都是利用某一种深度线索，首先人为地设定某一区域的深度信息为基准值，以基准值为基础，根据影像中深度线索的变化特征估计其他区域的深度值。这些方法能够获得某一类特定场景影像的局部相对深度信息，在一定程度上能够满足 3D 影视所追求的可视性，但是设置的基准值以及深度变化范围均以视觉效果为目的，因此场景深度重建的精度较低，而且只能应用于某一类特定场景，缺乏通用性。

1.2.2 混合线索法

单一线索法受场景和精度等的限制，难以应用于不同的地理场景深度重建中。为此，国内外众多研究学者尝试对多种线索进行结合。Saxena 等[27]基于影像中的纹理、颜色等特征，利用监督学习训练样本获得模型参数推演场景的深度信息。吴凤和等人[30]针对传统 SFS 方法存在的局限性，结合阴影和二维轮廓信息实现场景的三维重构。Han 等[31]结合灭点和纹理线索生成较为可靠的透视深度图。郝宁波等[32]针对现有人脸建模方法存在的局限性，提出融合阴影和局部形变模型的快速人脸建模方法。Wang 等[33]结合语义特征和暗原色先验得到较为准确的深度。混合线索法融合多种线索实现场景的深度重建，在一定程度上能够提高深度计算的精度，在一定程度上扩宽了方法的适用范围。相对于单一线索法，混合线索法的计算过程较复杂，但是由于计算机和图像处理等技术的迅速发展，混合线索法仍然是目前单影像地理场景深度重建的主要研究方向。目前，已发展了很多不同的混合线索法。研究较多以及使用最广泛的主要可以分为几下三种：基于场景分类、基于几何结构信息和基于机器学习的深度重建方法。

（1）基于场景分类的深度重建方法

基于场景分类的方法主要是通过图像理解，利用场景中物体之间的构图关系推演影像中物体之间的相对深度关系。首先对影像进行区域分割，识别影像中的各类物体，然后根据不同物体之间的构图关系推演场景的深度信息。Hoiem 等[34]针对室外场景，基于颜色、纹理、位置、几何信息等线索，利用 Adboost 分类方法将影像分解为天空、地面、垂直物，以地面深度为基础，将垂直物以平面形式“Popup”在地面上，实现整个场景的深度重建。在此基础上，Hoiem 等[37]进一步对其进行改进，在重建过程中融入遮挡关系、视点和对象信息以处理较为复杂的场景。Barinova 等[38]假设场景由平坦的地面和垂直对象组成，且地面-垂直对象边界是一条连续的多线段，利用 CRF 模型推断地面-垂直对象边界的参数。Hedau 等[39]针对室内场景，利用透视线索推断 3D 盒子模型的参数。Jung 等人[40]通过贝叶斯学习将影像中的景物分为天空、地面、平面物和立体物体四大几何类别，结合这些类别的语义关系以及灭点信息估计物体之间的相对深度信息。李乐等人[41]对 Hoiem 等[34,36]的方法进行改进，提出一套完整的基于单幅街景图像的深度估计方法，在图像分类的基础上分析图像中景物的构成；然后以地面深度为基础，根据景物与地面区域之间的相对位置关系以及景物自身的变化特征估计景物的深度信息。闫硕等[42]、Yan

等[43]将图像区域标记为天空、地面和垂直物三类，充分利用灭点的透视几何特性估计垂直物的深度信息，对于与地面存在接触边界的垂直物，根据存在的灭点信息分别从两侧均存在灭点、仅一侧存在灭点和不存在灭点三种情况进行深度估计，提高 Hoiem 等[34]方法的精度。Liu 等[44]考虑区域的结构性以及区域内深度的渐变性，结合图像的灭点信息，提出一种较为完整的深度估计方法。Lee 等[45]将场景重建作为一个几何场景分类（Geometric Scene Categorization，GSC）问题，将场景分为右上、右中、右下、左上、左中等 12 个几何模型类型，根据这些几何模型的特点，对影像进行深度假设。Wang 等[46]首先基于暗原色先验信息估计场景的初始相对深度，然后利用语义信息对初始深度图进行深度修正。丁伟利等人[47]针对道路影像，利用影像的颜色以及边缘信息分割道路、天空和垂直面，并结合道路的灭点信息完成三维空间的推理。

上述方法中，Hoiem 等[34~37]的方法最具代表性，很多算法都是基于该方法进行改进。这类方法本质上是利用场景中物体之间的构图关系，根据地面-垂直对象边界推演场景的深度信息，能够获得较好的视觉效果，但是该类方法需要场景符合假设模型（如场景由平坦地面、垂直对象和天空组成），根据地面与垂直对象的相交位置估计垂直对象的深度，对于与地面不直接相交的景物无法给出合理的深度结果，并且需要已知相机参数计算地面的深度信息。因此该类方法的精度不高，且仅适用于符合要求的场景。

（2）基于几何结构信息的深度重建方法

三维场景经过摄像机映射成二维影像时，空间对象的几何结构在影像中的表现形式发生了变化，但是三维场景与二维影像之间仍然存在着某种关联，这种关联可以用数学形式进行表达，即共线条件方程。通过共线条件方程能够定量化描述三维观测量与其对应的二维点之间的关系。基于几何结构信息方法的关键就是利用影像中存在的平行直线、垂直线、灭点和灭线等几何结构信息求解摄像机的内外方位元素，进而根据共线条件方程得到对象的深度信息，重建对象的几何结构。

目前，基于几何结构信息的方法最早出现的是 Horry[48]在 1997 年提出的“Tour Into the Picture（TIP）”方法，该方法假设场景满足单灭点透视，利用检测到的灭点将影像分割为蜘蛛网模型（Spidery Mesh），根据蜘蛛网模型的几何特点计算场景的相对深度信息，然后根据场景的相对深度将前景对象放置于蜘蛛网模型中，进而得到一个近似的三维重建模型。这类方法需要对场景做过强的假设，因而限制了它的应用。

基于几何结构信息的方法主要可以分为两类：基于模型和基于几何约束的方法。基于模型的方法通常是假设场景符合某种几何形状模型如立方体模型，通过影像中的几何信息拟合这样的参数化模型。Jelinek 等[49]将场景对象视为一个多面体，建立多面体模型与影像之间的联系，通过线性化函数求解相机姿态，恢复多面体的三维结构。Guillou 等[50]利用两个正交灭点和已知一条线段的长度（在三维空间中）得到一个近似的三维模型。张祖勋等[51]针对灭点的位置不确定性，直接建立影像中直线段与内外方位元素联系，并利用最小二乘平差方法迭代求解内外方位元素。Wang 等[52]预先定义一个参数化 3D 模型，建立预定义模型与影像中对应直线段之间的关系，实现相机姿态和 3D 模型的自动恢复。Wilczkowiak 等[53]、李波等[54]、杨森等[55]将立方体模型扩充为更为常见的平行六面体模型。孙敏等人[57]通过分析地下通道的 3D 几何模型，利用影像中的直线特征完成 3D 重构。胡春雨等[58]讨论了长方体、圆柱和圆锥三种基于模型的三维恢复技术。

基于几何约束的深度重建方法不受模型假设的限制，能够对有足够的规则几何特征的任何形状的结构化场景进行重建。它的基本原理是首先利用图像中包含的平行线/面、垂直线/面、灭点/灭线等几何约束信息进行畸变校正[59,60]、摄像机标定[61~65]，获取摄像机的焦距等参数，然后建立这些几何信息与场景深度之间的关系，从而恢复场景的深度信息。Sturm 等[66]提出一种交互式的分段平面物体的单像三维重构方法，基于灭点进行相机求解之后，结合场景的平行、垂直、共面等几何信息进行整体求解。2000 年牛津大学的 Criminisi 等[67]提出单像量测（Single View Metrology，SVM）的概念，利用单幅影像中包含的各种几何结构信息来实现几何量测。在此基础上，Liebowitz 等[68]对单像建模（Single View Reconstruction，SVR）进行了研究，以平面为基元，利用灭线确定平面之间的相对位置。Grossman 等[69]研究平行、共面、垂直以及对称性等几何约束与深度的关系，利用这些几何约束关系参数化二维影像点，并根据最大似然估计（Maximum likelihood estimation，MLE）进行整体求解。杨敏等[71]对每个平面利用灭点和圆环点像进行度量校正，结合每个平面的尺度因子和平面之间的相对夹角，对所有平面进行缝合。刘培珺等[72]提出一种基于平面的建筑物模型建模方法，以建筑物场景中存在的几何信息为约束，经相机标定后，以平面为基元，交互式计算各个平面位置和法向，实现建筑物场景的三维重建。王光辉[73]讨论了不同几何约束下的摄像机标定和场景重建策略。Lourakis 等[74~76]针对已有方法只能处理特定几何约束的局限性，在 Sturm 等[66]的基础上，提出一种满足更多具体的几何约束的优化方法。Feng 等[77]采用人工交互的方法实现分段平面的半自动 3D 重建，在重建精度和效率上均能达到较满意的结果。

基于几何结构的单像深度重建方法主要是针对结构化场景如建筑物，利用场景中存在的几何约束信息实现三维场景的重建，重建效果较好，精度较高。但是对于地理场景中包含的非连续对象或非结构化对象，由于缺乏必要的几何结构信息，而无法对其进行可靠建模。

（3）基于机器学习的深度重建方法

人类经过后天的学习能够从二维影像中获取各种不同的深度线索并且综合运用各类线索推演场景的三维信息。基于此，研究者们探索提出利用计算机代替人类的一种基于机器学习的深度重建方法，从而使得计算机能够通过学习具备判断三维信息的能力。基于机器学习的深度重建方法的主要思想是：基于影像中的某些特征，建立影像特征与场景深度之间的概率模型，并利用训练样本数据库进行学习得到一定的规则，通过这些规则获取重建目标的深度图。

Harman 等[78]在 2000 年最先将机器学习方法引入到 2D 到 3D 的转换中，利用影像中的像素点作为样本进行学习估计深度信息。由此，产生了基于机器学习的深度重建方法并且得到了迅速的发展。早期阶段，基于机器学习的方法只是利用影像中的像素点作为样本点进行学习，没有综合运用影像中的深度线索，重建的三维模型精度不高。Saxena 等[27~29]针对上述问题，结合纹理变化、颜色、纹理梯度等多种线索进行学习，提高深度预测的精度。以单目影像和对应的深度图为训练样本，首先对影像进行过分割，将影像分割成许多超像素图斑，提取每个图斑的纹理变化、颜色、纹理梯度等特征建立特征向量，并考虑邻近图斑之间的空间关系，采用多尺度的马尔可夫随机场（Markov Random Field，MRF）建立特征向量与深度之间的模型关系，然后利用样本数据进行学习得到模型的参数，进而对模型进行推断实现场景的深度估计。Delage 等[79]针对室内场景，采用 MRF 模型确定影像中的平面及法向量，并且利用一种迭代算法推算平面的最佳位置。Saxena 等[27]的方法是目前基于机器学习的深度重建的代表性方法，后续研究多是受其启发，从选用的特征向量、图像理解、概率模型等方面进行改进。Das 等[80]为减少特征向量的维数，用一个全方向的高通滤波代替六个方向上的纹理梯度滤波计算影像中的纹理梯度信息。张蓓蕾等[81]选用表征上下文关系的判别随机场模型（Discriminative Random Filed, DRF）代替 MRF 表征图斑与深度参数的关系。Srivastava 等[82]采用 Saxena 等[27]的方法，并且利用人工交互指导三维重建过程，实现快速地交互式三维重建。Cao 等[83]将图像分割、区域合并与深度推演三个过程进行互相补充循环迭代地优化深度信息。蓝建梁等[84]在分析纹理能量的分布特性的基础上，提出一种基于多尺度的纹理能量测度的深度估计算法。Lin 等[85]提出基于支持向量机（Support Vector Machine，SVM）框架的深度估计方法。Liu 等[86]为消除深度的多义性，加入了对场景语义的理解。在学习之前，首先将影像区域按照天空、道路、水面、草地、建筑物、树木和前景物体进行语义分类，结合语义信息和机器学习方法能够获得较为准确的深度信息。邓小玲等[87]加入语义标注指导深度预测，并采用局部线性在线映射方法（Locally Linear Online Mapping）进行学习。Liu 等[88]利用连续的变量表达图斑的深度，使用离散变量对邻近图斑进行表达，利用离散-连续的 CRF 建立概率模型估计场景的深度信息。

此类方法的本质是学习影像特征与深度的推演关系，在样本数据库完备的情况下，能够获得比较满意的结果。但是该类方法通常假设相机处于水平拍摄状态，并且认为整个场景为连续表面，无法正确预测前景物体的深度。更为重要的是，这类方法需要依靠人工经验提取影像特征和进行特征表达，而结果的好坏很大程度上取决于特征提取与表达的好坏，因此合适的影像特征提取与表达成为传统机器学习方法的关键步骤。

深度学习（Deep Learning）是机器学习中的一个新兴研究领域，其目的在于建立、模仿人脑的学习与分析的神经网络，模拟人脑的机制对图像、文本、语义等数据进行识别分析。它的主要特点是从原始数据中逐层抽象地和自动地学习层次特征，能够避免人工显式地提取特征，隐式地从原始数据中学习从低层到高层的有用特征，得到与原始数据相关的不同抽象层度的表示，进而提高图像分类和识别等任务的正确性。深度学习的兴起源于 Hinton 等[89]在 2006 年引入基于深度置信网络（Deep Belief Network, DBN）的学习算法。Hinton 等[89]提出一种非监督的贪心逐层训练算法，成功地求解了 DBN 的网络模型参数，为解决深度网络结构的优化难题带来了希望。自 Hinton 等[89]提出概念之后，深度学习成为目前人工智能和机器学习等领域的一个研究热点。近年来，众多研究学者们相继提出了许多新的深度网络结构以及新的深度学习算法，并且在图像分类、对象分割与识别、语音识别等视觉任务[90~96]中产生巨大的影响并得到了广泛的应用。

随着深度学习在图像分类、对象识别等领域的深入发展与应用，研究者们亦逐渐意识到深度学习在三维重建中的作用，开始将深度学习引入到三维重建中。Eigen 等[97,98]在 2014 年将深度学习概念引入到单影像的三维重建中，提出一种基于多尺度的 CNN 的深度（Depth）重建方法，避免了人工显式的从影像中提取特征，通过深度学习框架隐式地从样本数据中学习从低层到高层的有用特征，提高了深度预测的精度。CNN 是深度学习中的一种主要模型，特别适用于图像处理和理解中的各种视觉任务。随后 Hu 等[99]，Liu

等[100,101]，Li 等[102]设计了不同的深度网络框架，利用深度学习中的 CNN 模型从单幅影像中恢复场景的深度信息。

从上述对单一线索法和混合线索法中各种方法的分析总结可知，不同的方法具有不同的特点，在重建效果、应用条件等方面有明显的差异。根据上述的分析，对各类方法的特点及应用条件进行简单的总结，定性对比各类方法的优缺点，如表 1.1 所示。

表 1.1　基于单幅影像的深度重建方法定性对比

方法		特点	应用条件
单一线索法	阴影	重建模型较精确，对光照要求苛刻，鲁棒性差	具有必要的光照和阴影的场景，难以应用于室外环境等光线条件复杂的场景重建中
	纹理	重建效果较差，受光照、噪声等的影响较少，鲁棒性较好	适用于具有规则纹理、结构不复杂的物体，对纹理信息较少的物体重建效果不够理想
	散焦	重建效果较好，对光源较宽松	具有必要的散焦现象的场景，应用范围较小
	轮廓	重建模型较精细	对输入信息要求较为严格
	线性透视	重建精度低，常作为辅助约束	透视效果显著的场景
	遮挡关系	计算的是相对深度，一般作为其他方法的辅助约束信息	场景中存在遮挡关系的物体
	大气散射	常作为辅助约束	包含天空的室外场景，无法适用于室内场景
混合线索法	基于几何特征	模型优化，重建精度较高	具有一定规则几何性质的物体，如建筑物
	基于场景分类	可视化效果较好，重建精度较差	符合假设要求的室外场景
	基于传统学习	重建效果较好，需要依靠人工经验提取影像特征，特征的选取与表达是关键	有足够多的样本完成训练
	基于深度学习	能够隐式地从样本数据中学习从低层到高层的有用特征	有足够多的样本完成训练

1.2.3　现状分析与定位

综上所述，目前基于单幅影像的地理场景深度重建方法已积累了大量的研究，为本研究提供了丰富的理论基础，但是仍然存在以下几个方面问题有待进一步研究。

1）基于机器学习的方法是一类能够针对任意场景深度重建的有效方法，当样本数据库完备时，能够获得比较好的重建效果。但是传统的学习方法通常假设整个场景为一个连续表面，忽略了前景对象，无法对前景对象的深度进行正确预测。另外，基于机器学习的方法是利用图斑的影像特征与深度之间的关系进行学习与推演，重建结果的好坏很大程度上取决于特征提取的好坏。目前主要是依靠人工经验提取影像中的几个常见的特征（如颜色、纹理等），而影像中仍然存在很多与深度信息相关的特征未被有效利用，如何提取合适的影像特征成为此类方法的一个关键问题。利用深度学习中的 CNN 模型能够很好地解决这一问题，能够自动地学习得到图像中从底层到高层的有用特征，但是 CNN 在场景重建方面的研究处于起步阶段，未很好地考虑地理场景深度的连续性和全局性，仍然有待进一步研究。

2）图像的局部特征往往不能够提供足够的信息用于深度重建，实际场景中存在很多具有相似外貌特征的物体，容易引起深度的多义性。语义类别信息是一类非常有用的高层深度线索，具有很强的几何意义，能够消除具有相似外貌特征的不同物体之间的深度歧义性。但是目前的大多单像深度重建方法未能很好地利用语义类别信息，如基于场景分类的方法只是简单地利用图像中的语义信息推演物体之间的相对深度关系。若能有效地对图像进行语义分割，标注图像中每块区域的语义类别，并将图像的语义类别信息有效地应用于场景重建中，将有效地提高场景重建的精度。

3）图像的语义类别信息能够消除物体之间的深度歧义，但是对于物体中的局部区域，由于缺乏细节信息，仍然无法消除物体内局部区域之间的深度歧义性，从而难以很好地恢复场景的结构和物体边界信息。若能挖掘图像中局部区域的细节信息，构建每类物体的相对深度变化趋势，将对精确地重建场景的三维结构提供有力的支撑。

1.3 研究目标与内容

1.3.1 研究目标

以单幅近景影像为数据源，探讨结构化与非结构化对象并存的地理场景的深度重建方法。借助 CNN 自动的特征学习机制，研究基于图像语义分割技术，分析物体的深度模板构建策略。在此基础上，发展基于 CNN 的单像深度重建方法，实现基于单幅影像的地理场景的三维重建，突破现有方法的局限性，实现共享影像资源的充分利用与信息挖掘，同时为几何量测、3D 影视制作等提供技术支持，进一步促进摄影测量、计算机视觉等相关领域的发展与融合。

1.3.2 研究内容

围绕“单幅近景影像→三维场景”这一研究主题，以单幅近景影像为研究对象，针对任意地理场景的深度重建，从图像的语义分割，物体的深度模板构建与预测以及单像深度重建三个主要内容展开研究。旨在借助 CNN 的自动学习优势，通过提供物体的语义类别信息以及物体局部区域的细节信息，重建更为精确的场景结构。具体的研究内容如下：

（1）图像语义分割

语义类别信息能够有效地消除图像中物体之间的深度歧义性。分析总结现有的图像语义分割技术。分析输入图斑尺度对图像语义分割精度的影响，选取合适的图像的超像素分割技术。为提高图像语义分割的精度，结合多尺度技术和 CNN 模型，构建面向图像语义分割的多尺度 CNN 模型，设计合理的图像语义分割方案。

（2）深度模板的构建与预测

物体中局部区域的相对深度变化趋势能够提供更多的关于局部区域的细节信息，为恢复精确的场景结构提供有力的支撑。分析图像中每类物体中局部区域的相对深度变化趋势，结合物体的语义类别信息，构建每类物体的深度模板（反映了局部区域的相对深度变化趋势）。在此基础上，构建面向深度模板预测的 CNN 模型，设计适合的深度模板预测方法，正确地预测未知局部区域所属的深度模板，即估计未知局部区域的相对深度变化趋势。

（3）基于单幅影像的深度重建

分析基于 CRF 模型的深度重建问题的数学描述。着重探索 CRF 与 CNN 模型的融合表达，构建融合 CRF 与 CNN 模型的统一网络模型。结合图像的语义类别信息以及物体的深度模板信息，设计合理的面向单像深度重建的 CNN 模型，分析所设计模型的学习与推断过程，确定基于 CNN 模型的单像深度重建方案。

1.4 技术路线与关键技术

1.4.1 技术路线

为更合理、精确地从单幅影像中重建场景的三维结构，作者在前期对基于单幅影像的三维重建相关理论和技术等调研的基础上，融合摄影测量学、计算机视觉等多个领域的知识与技术，以“图像的语义分割-深度模板的构建-单幅图像的深度重建”为研究思路对该问题进行探索。制定的基于单幅影像深度重建方法的总体技术路线如图 1.3 所示。方法的整个技术流程主要包括数据准备、图像语义分割、深度模板的构建与预测以及单幅影像的深度重建几个部分。

（1）数据准备

采样、收集大量各种地理场景的图像及其对应的深度图，作为地理场景深度重建的训练数据以及验证数据；对样本数据进行梳理和分类，以便针对不同数据集监督学习获得更可靠的模型参数；对数据进行预处理、消除噪声影响，抑制无用信息，以利于后续工作的顺利展开。

（2）图像语义分割

借助 CNN 自动学习得到图像的有用特征的优势，实现对图像语义分割。对图像进行超像素分割，获取一系列的独立的超像素块。综合考虑 CNN 网络的输入以及图像上下文信息，以超像素为基本处理单元，结合多尺度技术与 CNN 网络设计合理的面向图像语义分割的 CNN 模型，并分析该 CNN 模型的学习与推断策略。采用真实图像数据库对该方法进行实验验证，给出方法的实验结果，分析图像语义分割结果的精度。

（3）深度模板的构建与预测

结合图像的语义类别信息和深度图，构建每类物体的深度模板，在此基础上基于 CNN 网络，实现深度模板的预测。根据图像的语义类别信息，对每类物体中的超像素块

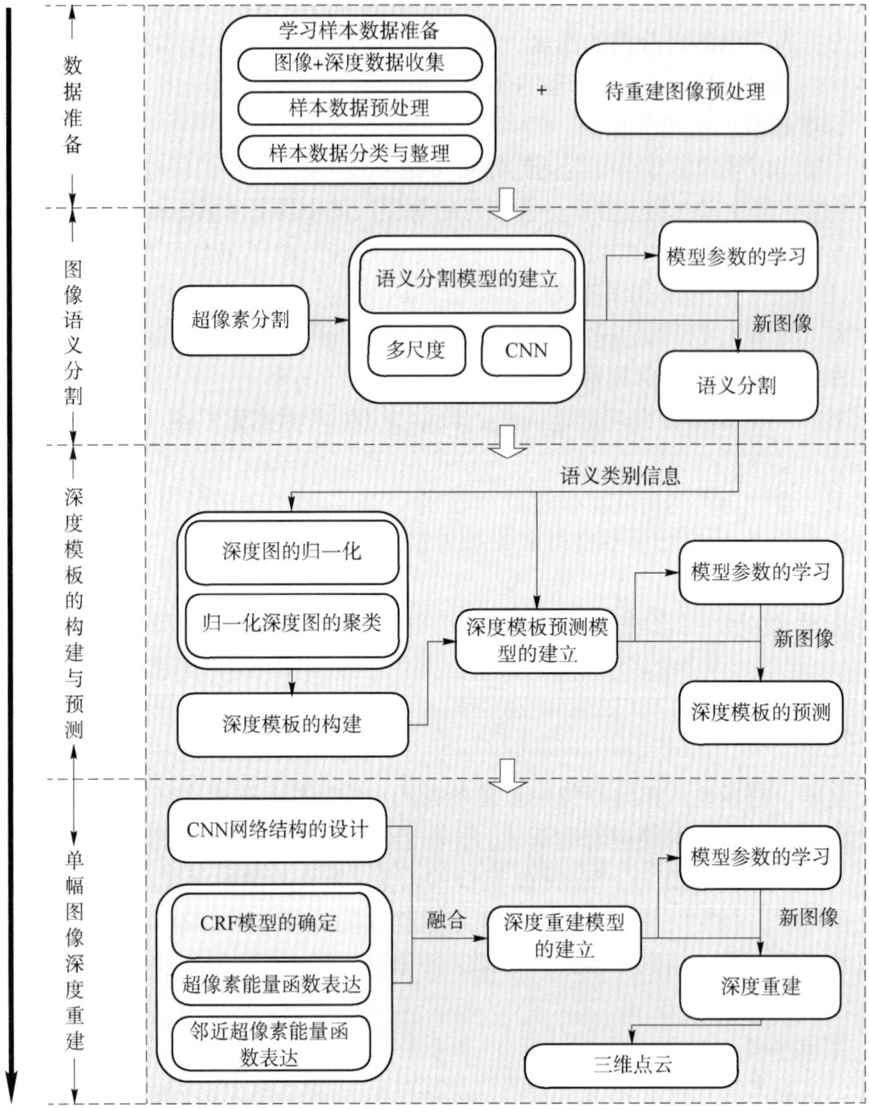

图 1.3　总体技术路线图

的深度图进行归一化处理，获取表现超像素的相对深度变化趋势的归一化深度图。对所获取的归一化深度图在语义类别的约束下进行聚类分析，生成每类物体的深度模板。在此基础上，基于 CNN 网络，设计合理的深度模板预测方案，并分析所设计的 CNN 模型的学习与推断策略，实现未知超像素块所属的深度模板的预测。采用真实图像对所提方法进行实验验证，并给出方法的实验结果与分析。

（4）基于单幅影像的深度重建

以超像素为基本处理单元，分析基于深度重建问题的点对 CRF 的数学描述问题，并结合深层次的 CNN 网络，构建一个融合 CNN 与 CRF 模型的统一的 CNN 网络框架（下面简称为 CNN-CRF 模型），实现基于单幅影像的深度重建。结合超像素的深度模板信息，采用一个独立的 CNN 网络获取超像素中心位置的深度值和对应的归一化尺度因子，并将其作为 CNN-CRF 模型的单点项的输出构建单点项的势能函数。结合图像的语义类别信息，构建 CNN-CRF 模型的点对项的势能函数。分析该 CNN-CRF 模型的模型学习与推断策略。采用真实图像数据库，并结合前期图像语义分割得到的图像的语义标注图以及深度模板构建与预测得到的所有超像素的归一化深度图，对所提的方法进行实验验证，给出方法的深度重建结果，并对重建结果的精度进行分析。

1.4.2 关键技术

基于单幅影像的深度重建，处理的源数据是单幅近景影像，需要得到的结果是地理场景的深度信息。从本质上讲，这在数学上是一个病态求解问题。CNN 是深度学习中最适合以图像为输入的模型，能够自动地从图像中学习得到特征的分布式表示，避免了传统机器学习方法中复杂的特征提取与表达等过程，基于 CNN 的单像深度重建方法是一个值得研究的问题。为精确地重构场景的三维结构，在基于 CNN 的单像深度重建方法过程中，需要解决以下两个关键技术问题。

（1）深度歧义性的消除

在实际场景中存在很多具有相似外貌特征但是空间位置完全不同的物体，如天空和水面，物体之间很容易产生深度的歧义性，而仅仅利用图像的局部特征难以消除这些物体之间的深度歧义。此外，对于物体中的局部区域，由于缺乏细节信息，亦容易发生深度的歧义性，难以精确地重构场景的三维结构以及对象的边界信息。因此需要发展合适的深度线索消除图像中物体之间的深度歧义性以及物体中局部区域之间的深度歧义性，以提高单像深度重建的精度。

（2）融合 CRF 与 CNN 的单像深度重建模型的设计

CNN 能够自动地从图像中学习有用的特征表示场景的深度信息，避免了人工显式地提取与表达图像特征。CRF 模型能够对 CNN 得到的特征进行建模，并且可以对邻接超像素之间的深度关系进行建模。因此，融合 CRF 与 CNN 模型对深度重建进行表达，能够有效地提高深度重建的精度。图像的语义类别信息有助于消除物体之间的深度歧义性，物体中局部区域的归一化深度图（相对深度变化趋势）有助于消除局部区域之间的深度歧义，提供更多的局部区域细节信息。因此，结合图像的语义类别信息以及局部区域的归一化深度图，设计一个合理的融合 CRF 与 CNN 的单像深度重建模型，亦是精确地恢复场景三维结构信息的关键。

第 2 章　相关理论基础

二维图像在成像过程中获取了三维场景中的部分信息，同时丢失了深度信息（Depth），此外由于成像设备、噪声等的干扰也会导致成像过程中信息的丢失。因此，从二维单幅影像恢复场景的三维结构是一个病态的逆问题，存在着很大的不确定性，属于一种不确定性视觉计算问题。基于机器学习的单像深度重建方法就是利用概率图模型（Probabilistic Graphical Model，PGM）建立图像中各种深度线索与场景三维结构之间的模型关系，对这种不确定性问题进行描述与求解。

深度学习（Deep Learning）是目前机器学习和人工智能等领域中的研究热点之一。深度学习更接近人脑的视觉感知机制，能够自动地从原始数据学习得到有用的特征，已在语音识别、自然语言处理和图像处理等领域中产生巨大的影响。CNN 是深度学习中的一种常用模型，采用局部感受野、权值共享以及空间/时间上的下采样的网络结构，在图像处理与理解领域中有着独特的优势。

本章首先总结图像中的各种深度线索，详细阐述对不确定性视觉问题的描述与求解过程。最后对深度学习的概念、发展以及常用模型进行了介绍，并重点阐述 CNN 的网络结构以及模型的学习与推断过程。

2.1　图像中的深度线索

尽管在成像过程中影像丢失了深度信息，但是人类能够通过人眼感知影像中的各种特征识别出物体的空间信息，这些特征就称为深度线索。基于单幅影像的深度重建方法利用的深度线索主要有阴影/明暗度、纹理、轮廓、散焦、遮挡关系等。

（1）阴影/明暗度

场景中的物体在光源的照射下由于物体表面各个部分的朝向不同会使得亮度不同，即产生明暗变化，这种明暗度的变化称为物体的阴影，并且物体的阴影在成像后会表现为影像的阴影。具体地说，三维空间中的物体投影到二维平面上时会形成不同的亮度层次，这些层次常用灰度表示，称作阴影。这些层次的变化分布取决于 4 个因素：①物体可见表面的几何形状；②光源的入射强度和方向；③观察者相对物体的方位和距离；④物体表面的反射特性[103]。根据影像中的阴影可以估计物体表面各部分的朝向。阴影线索在早期研究中已经作为场景重建中的一个重要的深度线索。它的主要原理就是基于光源方向和影像中的明暗度信息，通过观察阴影的梯度变化恢复待测物体表面的法向量信息实现物体的深度重建。

（2）纹理

纹理的组成元素是纹理元（Texel）。纹理元可视为一个区域中带有不变性和重复性的视觉基元。不变性是指组成同一视觉基元的像素具有某些基本相同的特征，重复性是指这些视觉基元在不同的位置以及不同的方法重复的出现[103]。利用物体表面上的纹理可以帮助确定表面的取向并进而恢复表面的形状。它的主要原理就是在获取影像的透射投影过程中，原始的纹理结构有可能发生变化，这种变化随纹理所在表面朝向的不同而不同，因而带有物体表面取向的信息。纹理的变化主要有纹理元尺寸的变化、纹理元形状的变化以及纹理元之间关系的变化三种。①纹理元尺寸的变化是指在透视投影中存在着近大远小的规律，因而位置不同的纹理元在投影后尺寸会产生不同的变化。根据纹理元投影尺寸变化率的极大值可确定纹理元所在平面的朝向。②利用纹理元形状的变化的原理是物体表面纹理元的形状在透视投影和正交投影成像后有可能发生一定的变化，若此时已知纹理元的原始形状则可推出其表面的朝向。③利用纹理元之间关系的变化是指假设纹理是由有规律的纹理元栅格组成，可利用其对应的消影点来恢复物体的表面朝向信息[103]。

（3）线性透视

线性透视是指平行的直线如铁道线，在影像上不再平行，而是被映射成汇聚的线。他们在影像上的交点称为平行直线方向的消影点。线性透视是利用单幅影像恢复场景的三维结构中一种非常有效的深度线索。当场景中含有丰富的几何结构物体时，利用该线索能够获得较好的效果。确定消影点的位置后就能够大致确定影像的整体深度走向，例如若消影点在影像的左方，则可知影像的右方较近，左方较远，也就是深度的走向是由右向左，因此沿着消影点的方向能够得出整张影像的梯度图。

（4）轮廓

轮廓与物体的形状有密切的关系。轮廓是物体的外形线。事实上，当我们观察一个物体的形状时，其实看见的就是一个轮廓，这个轮廓把物体与视野中的其他部分区分开来。实际经验告诉我们，当两个区域的亮度相差很大时，它们的轮廓线条分明，可以很容易地将它们分开。因此轮廓是三维重建中的一个重要线索。

（5）散焦

相机镜头的景深是有限的，只有在景深范围内的物体成像是清楚的，而离焦的物体成像就会模糊，产生散焦现象。散焦影像根据物体的离焦距离，产生不同程度的模糊度。一般可以使用散焦光斑半径大小表示散焦程度：光斑半径若越大，散焦程度则越深。在已知摄像机参数的情况下，通过焦距的调整能够推断出散焦物体的散焦程度，也就是散焦的光斑半径，进而计算出物体的真实深度。若摄像机的参数未知，则可通过对比散焦光斑半径的大小，计算物体的相对深度。通常散焦测距需要两幅或者两幅以上的散焦影像。随着单幅影像三维重建需求的增长，众多研究学者发展了基于单幅散焦影像的三维重建方法[15,104,105]，因此散焦也逐渐成为基于单幅影像三维重建方法的一个重要线索。

（6）几何关系

几何关系是一种经常用于结构化场景重建中非常重要的线索。当人们观察影像时，能够大致地把握物体的形状，但是无法精确地知道场景中物体的度量信息，如建筑物的长宽比例，某个夹角。基于摄影测量原理和计算机视觉理论，建立三维信息与对应的二维观测量之间的几何对应关系，并进行定量化描述，从而从单幅影像中计算场景中物体的深度信息，再对影像进行数字化，实现场景的三维重建。几何关系包括平行性、垂直性、共面性、消隐点、消隐线等几何结构信息。基于几何关系的方法通常都是结合多种几何结构信息进行场景的三维重建。

（7）遮挡关系

遮挡关系是指由物体之间相互遮挡形成的物体之间的前后层次关系。物体的遮挡能够给出物体之间的远近关系，因此遮挡关系可以用来求取物体的相对深度。主要原理是：若在视野范围内物体 A 被物体 B 完全或者部分遮挡，则可以认为物体 B 离观察者更近，而物体 A 相对于 B 来说离得更远。利用遮挡关系不能准确地计算出物体的深度信息，但是有助于相对深度信息的求取。因此，遮挡关系通常是作为一种辅助和优化线索。

（8）空气透视

空气透视是指当光线通过大气层时，空气介质（雨、雪、雾、水气、尘土等）使光在传播过程中产生漫反射现象，空间距离不同的物体在明暗度、色彩饱和度、轮廓清晰度等方面不同，因而人们看到远处的物体相对于近处的物体更模糊，发生近实远虚的现象。空气透视是人类视觉感知中的一个重要的深度线索，但是目前直接利用空气透视估计深度信息的研究较少，主要是因为空气透视现象与天气、时间、季节、光线强度等很多因素相关，难以表达。

（9）位置关系

根据物体之间的相对空间位置可以从影像中推断有关的语义信息以及深度关系。根据人们积累的先验知识，如地面是水平的且通常是其他物体的支撑物，天空是最远的，因此根据它们的相对空间位置能够从影像中分辨出天空、地面，这些语义信息有助于深度信息的推断。物体的位置关系能够提供相关物体的深度关系，如若物体 A 置于物体 B 上，可知物体 A 的深度在物体 B 的最小深度和最大深度之间，或如前面所述的遮挡关系。位置线索在三维重建中非常有用，是一种非常有用的辅助线索。很多研究者利用位置关系识别天空、地面等语义信息，并且根据相对位置关系初步确定深度关系。Hoiem 等[37]利用天空、地面、直立物之间的位置关系将直立物从天空和地面中分离出来。Delage 等[106]使用贝叶斯网络学习方法确定地面边界。

（10）相对大小

根据视角测量原理，若保持视网膜上的视像尺寸，则物体大小和物体距离的比值不变，这称为欧几里得定律。进一步分析该定律可知，当观察两个尺寸相近的物体时，较大的物体在影像上显得距离近些。

（11）相对高度

线性透视线索中最常见的是基于透视图中的消隐点和消隐线原理。相对高度也是透视图中的一个重要的线索。基于相对高度线索的方法的原理是：现实场景中距离观察者越近的物体，在拍摄的二维影像中被投影到越靠近影像底部的区域。通常自然场景的影像中都包含这样的相对高度信息，使得其深度信息呈现从上到下递减的趋势。相对高度线索能够提供场景中物体的相对深度信息，是一种非常有用的辅助线索。

（12）语义信息

语义信息是一种高层图像特征。通过语义特征，不仅能够推断物体之间的相对位置关系，而且能够知道物体的自身结构，进而可以推断物体自身的深度变化关系。例如，通常情况下地面是一个由近及远的平面，因此深度图理应是一个深度渐变并且由近及远的平面；人、建筑物等垂直于地面，相对的深度信息可以从他们与地面的交点计算得到；天空通常位于场景的最远处，其深度应该是一个极大值。语义线索是基于单幅影像的三维重建方法中的一个非常有用的深度线索，许多研究者利用语义信息估计场景的深度信息或者将其作为深度优化的线索。

2.2 不确定性视觉

在视觉计算中，一种方法是将景物做确定性的描述，另一种则是进行不确定性描述。不确定性视觉计算是将 3D 场景映射成的图像作为满足一定条件的分布，这样视觉计算问题就可以描述为求解满足某些条件或耗费的最大可能分布，从而将视觉计算问题转化为最优化问题[107]。

图像的成像过程是将 3D 场景中的空间点投影在 2D 平面上的过程，如图 1.1 所示，3D 场景中的多个空间点投影成为 2D 成像平面上的同一个像点。在成像过程中，图像获取了 3D 场景中的部分信息，同时丢失了深度信息。此外，由于成像设备、成像窗口的限制和噪声的干扰等原因也会导致成像过程中信息的丢失。计算机视觉信息处理的本质是利用所收集到的图像或者图像序列，还原真实的 3D 场景，获取 3D 场景的空间信息以及相关的语义信息。而从 2D 图像恢复场景的 3D 信息是成像过程的逆问题的求解，存在很大的不确定性。这种不确定性可以采用概率模型进行描述，概率论方法为求解上述不确定性视觉问题提供了夯实的理论基础，已经成为一种求解不确定性视觉问题的主要方法。

2.2.1 不确定性视觉的描述与求解

概率方法是目前解决不确定性视觉问题的一种主要手段，它采用概率模型对不确定性视觉进行描述。概率图模型是图论与概率论相结合的产物，是一类以图的形式描述随机变量间的条件独立关系的概率模型的总称。概率图模型采用直观、灵活、有效的图结构表示与模型相关变量的联合概率分布，为利用数学和工程方法解决视觉不确定性问题提供了强有力的工具[108]。图结构刻画了随机变量间的条件依赖和独立关系，从系统的角度揭示了各变量间的不确定性，并为不确定性的传递提供手段。近年来，概率图模型已经成为机器学习和人工智能的研究热点，在图像分析、自然语言处理和计算机视觉等领域已得到了广泛的应用。

基于概率图模型的不确定性问题的求解由模型表示、模型学习和模型推断三个部分组成。模型表示就是建立随机变量之间的条件独立关系，模型学习和模型推断是模型的求解过程。模型学习是从数据中学习模型的结构和模型的参数，模型推断就是对给定的模型计算条件分布、边缘分布或者是这个分布的最优取值。

2.2.1.1 模型表示

概率图模型的表示方法有很多，主要包括有向概率图模型和无向概率图模型两种。不同的概率图模型刻画了随机变量之间不同的条件独立关系。有向概率图模型通常是用来描述随机变量之间的因果关系，而无向概率图模型通常是用来表示随机变量之间的依赖关系或者是空间关系。有向概率图模型的典型代表是贝叶斯网络（Bayesian Network，BN），无向概率图模型的典型代表有马尔可夫随机场和条件随机场模型。

（1）贝叶斯网络

贝叶斯网络（BN）是一种有向无环图的概率模型（图 2.1），常用来表示随机变量之

间的因果关系。BN 可以被看作是一种联合概率分布的表示，它完整并且紧凑地表示了网络中各随机变量的联合概率分布。通常，在 BN 的有向无环图中的结点表示随机变量，有向弧连接的两个结点表示对应的两个随机变量具有因果关系。如图 2.1 所示，对于任意一条边和连接它的两个结点：$x_1 \rightarrow x_2$，x_1 称为 x_2 的父结点，x_2 称为 x_1 的子结点。BN 中的每个结点 x_2 和它的父结点 x_1 表示一个条件分布 $P(x_2 | x_1)$，称为一个因子，而网络的整个联合概率分布就是用所有因子的乘积进行表示。

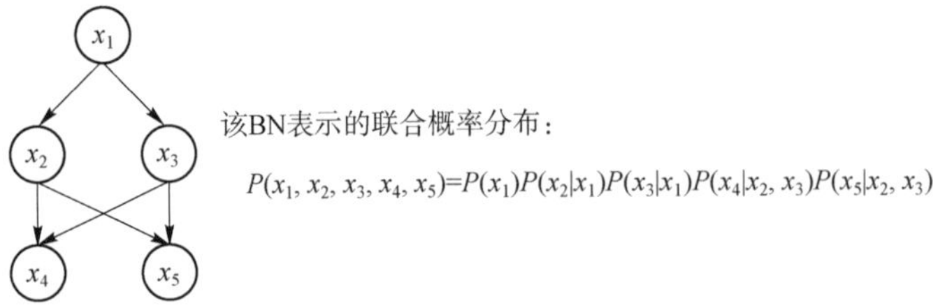

图 2.1　贝叶斯网络结构示例及其表示的联合概率分布

令 $G=(V,E)$ 表示一个有向无环图，其中 V 表示有向无环图中所有结点的集合，E 表示图中有向连接边的集合。用 $x=\{x_1,x_2,\cdots,x_n\}$ 表示 V 中的结点所代表的随机变量集，若随机变量 x 的联合概率分布可以表示为：

$$P(x)=\prod_{i \in n} P[x_i \mid Pa(x_i)] \tag{2.1}$$

式中：$Pa(x_i) \subseteq \{x_{i-1},\cdots,x_1\}$ 表示结点 x_i 的父结点组，则称随机变量 x 为相对于有向无环图 G 的贝叶斯网络。

式（2.1）就是贝叶斯公式，表示贝叶斯网络中随机变量 x 的联合概率分布。

（2）马尔可夫随机场

马尔可夫随机场（MRF）和条件随机场（CRF）是两种典型的无向概率图模型。BN 通常用来表示变量间的因果关系，而 MRF 和 CRF 采用无向链接能够方便、灵活地描述随机变量间的相互依赖关系或者空间关系，被广泛地应用于图像分析和处理、目标识别、3D 视觉等领域中。

MRF，也称为马尔可夫网络，是关于一组具有马尔可夫性质的随机变量的全联合概率分布模型。模型中的每个结点代表了随机变量，每条边无向连接一对结点，描述了这对结点之间的空间关联关系。

在 MRF 中，一个重要的属性是随机变量具有马尔可夫性质，马尔可夫性质可以描述为：若属于 x_B 的结点把 x_A 和 x_C “分割”开，则在给定 x_B 时，x_A 和 x_C 相互独立。如图 2.2所示，若 x_A 中的任一结点到 x_C 中的一个结点的任意一条路径都需要至少经过 x_B 中的一个结点，则删除 x_B 后，x_A 和 x_C 之间不存在通路。

马尔可夫性在数学上也可以这样描述：一组随机变量 $x=\{x_1,x_2,\cdots,x_n\}$，其中 x_i，$i=1,\cdots,n$ 的状态只与其领域位置状态相关，而与其他位置无关：

$$P(x_i \mid x_1,x_2,\cdots x_{i-1,},x_{i+1},\cdots,x_n)=P(x_i \mid x_{N_i}) \tag{2.2}$$

式中：N_i 为位置 i 的领域。

根据 Hammersley-Clifford 定理和局部马尔可夫性质，MRF 的联合概率分布可以利用

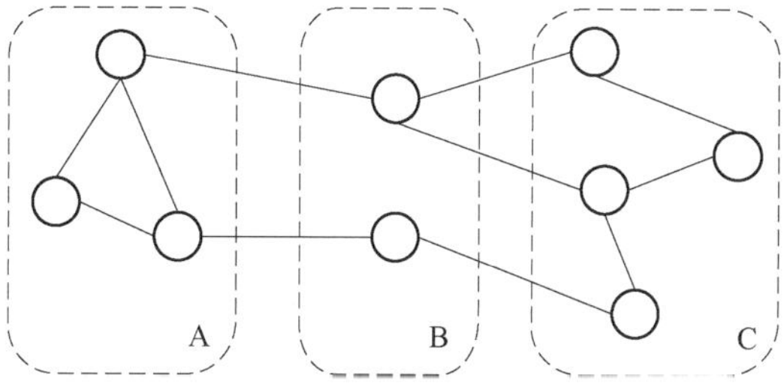

图 2.2　马尔可夫性示例

吉布斯（Gibbs）公式进行定义，即：

$$P(x)=\frac{1}{Z(x)}\exp[-E(x)] \tag{2.3}$$

式中：$E(x)$ 称为势能函数（Potential Function）；$Z(x)=\sum_{x\in\Omega}\exp[-E(x)]$ 是归一化因子，称为配分函数（Partition Function）。

MRF 灵活、方便地描述了随机变量间的空间关系和上下文独立关系。在图像分析和处理中，MRF 理论为图像中像素点或者区域块之间的相似性建模提供了一种有效的手段。图 2.3（a）示出了一个用 MRF 为图像的空间关系所建立的无向图模型，图中结点之间采用无向边进行连接，白色结点表示随机变量，灰色结点表示的是所对应的观测值，MRF 中每个结点只与它自身所对应的观测值相关联。

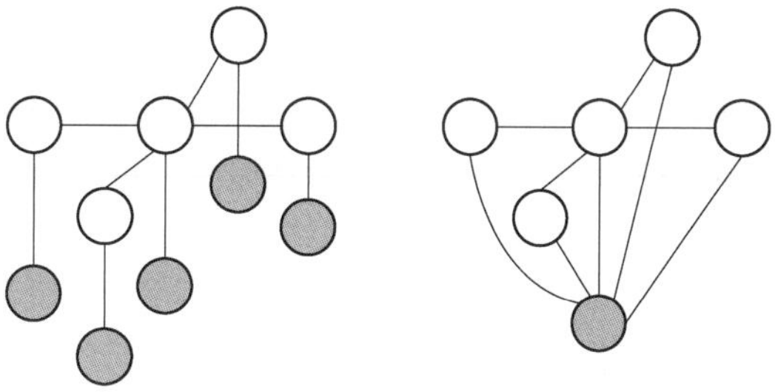

（a）MRF　　（b）CRF

图 2.3　MRF 和 CRF 示例图

（3）条件随机场

条件随机场 CRF 是 MRF 的一个重要发展，属于一种判别式马尔可夫模型。CRF 直接对后验概率 $P(x|y)$ 建模为一个 MRF，能够有效地对结构化预测问题建立判别模型，在图像分割、图像建模等图像分析领域优于 MRF 这样的生成式模型。

CRF 是一种无向图模型，在给定随机变量 $x=\{x_1,x_2,\cdots,x_n\}$ 的观测值 $y=\{y_1,y_2,\cdots,y_n\}$ 时，若 x 满足马尔可夫性，则能够直接对 x 的条件概率分布进行表达，即：

$$P(y|x)=\frac{1}{Z(x)}\exp[-E(y,x)] \tag{2.4}$$

式中：$E(y,x)$ 为势能函数；$Z(x)$ 是配分函数，表达形式为：

$$Z(x,\theta)=\int_y \exp\{-E(y,x)\}\ \mathrm{d}y \tag{2.5}$$

CRF 中的势能函数 $E(y,x)$ 不仅与随机变量集 $x=\{x_1,x_2,\cdots,x_n\}$ 有关，而且也依赖于整个观测值 $y=\{y_1,y_2,\cdots,y_n\}$。图 2.3（b）给出了一个用 CRF 对图像空间关系建立的无向图模型。

CRF 和 MRF 都是利用无向图建立随机变量之间的关系模型的建模方法，但是同 MRF 相比，CRF 主要具有以下优势：①MRF 是一种生成式概率模型，是对联合概率建模，联合概率的建模需要对条件概率和先验概率进行建模，而 CRF 属于判别式概率模型，直接对后验概率建模，避免了对观测变量的分布假设和建模。②CRF 关注于最终的预测问题，避免了不必要的观测密度计算。③CRF 不要求像 MRF 中对观测变量之间条件独立性的假设，从而在建模能够融入更多的全局信息，改善最终的预测效果。

2.2.1.2 模型学习

概率图模型的学习包括结构学习（Structure Learning）和参数学习（Parameter Learning）两个方面。

模型的结构学习，也称作模型选择，是要揭示随机变量间的定性以及定量关系。假设有一组随机变量 $x=\{x_1,x_2,\cdots,x_n\}$，$D=\{D_1,D_2,\cdots,D_n\}$ 是关于这些随机变量的一组观测数据集，则结构学习的目的就是寻找一个在某种意义下相对于数据集 D 最优的 MRF（假设选用 MRF 对随机变量进行描述）。结构学习的方法主要可以分为两类：一类是基于评分函数的学习方法，另一类方法是基于独立性测试的学习。

在机器学习中，模型的参数学习是指从给定数据集中学习得到模型的参数估计，可以看作是最大化似然的优化任务。也可以这样定义：给定一组独立的训练数据(x,y)（其中 $x=\{x_1,x_2,\cdots,x_n\}$ 是观测数据，$y=\{y_1,y_2,\cdots,y_n\}$ 是观测数据对应的标记），在预定好的某种准则下，采用某种优化手段估计模型参数的最优值。在机器学习中两种常用的学习准则是：最大似然估计 MLE 和最大后验概率 MAP。

假设 $x=\{x_1,x_2,\cdots,x_n\}$ 是观测数据，θ 为模型参数，MLE 就是指找出参数空间中使观测数据集的似然最大的参数，即：

$$\theta^*=\underset{\theta}{\arg\max}\ P(x\mid\theta)=\underset{\theta}{\arg\max}\ \ln P(x\mid\theta) \tag{2.6}$$

MAP 是在参数空间中寻找使观测数据的后验概率最大的参数，即

$$\theta^*=\underset{\theta}{\arg\max}\ P(\theta\mid x)=\underset{\theta}{\arg\max}\ \ln P(\theta\mid x) \tag{2.7}$$

在完全观测数据的情况下，BN 的参数学习是比较容易的，这主要是因为 BN 要求父-子结点是条件独立的，通常会有一个闭型解，并且 BN 的最大似然参数求解可以分解为对每个观测数据的条件概率密度的参数估计。无向的 MRF 和 CRF 的参数学习要比 BN 复杂很多，难以进行精确求解，而且无法分别对每个局部参数进行估计，故通常是采用近似求解方法估计参数的最优解[109,110]。

2.2.1.3 模型推断

在得到模型的参数之后，就可以对未知变量进行分类或者预测，也就是模型的推断过程。模型推断是在对给定观测数据 x 和模型的参数 θ 下，估计对应的标记 y 的过程。概率图模型的推断准则主要包括最大后验概率（MAP）和最大后验边缘概率（Maximum

Posterior Marginal，MPM）准则。

基于 MAP 的模型推断是一种全局最优化方法，它是利用对后验概率 $P(y|x;\theta)$ 求极大值的思想，可以定义为：

$$y^* = \arg\max_y P(y|x;\theta) = \arg\max_y \ln P(y|x;\theta) \tag{2.8}$$

MPM 准则是一种局部最优方法，仅仅求解每一个结点（若处理对象为图像，就是每一个像素或者是每一块区域）的最优标记值，它的定义为：

$$y_i^* = \arg\max_{y_i} P(y_i|x_i;\theta) = \arg\max_{y_i} \ln P(y_i|x_i;\theta) \tag{2.9}$$

在很多时候，无法对上述 MAP 和 MPM 准则［式（2.8）和式（2.9）］进行精确地求解，而只能利用近似的方法进行推理。常用的近似方法有很多，如环路置信传播（Loopy Belief Propagation，LBP）、迭代条件模式（Iterated Conditional Models，ICM）、线性规划方法（Linear Program，LP）等[109,110]。

2.2.1.4 基于不确定性方法的实现

不确定性视觉问题通常采用概率图模型进行描述和求解，采用概率图模型进行描述的不确定性方法的主要过程如图 2.4 所示。首先根据观测数据的特点构造一个合适的模型对不确定性问题进行表达，然后通过训练数据集对定义的模型参数进行学习，在得到模型参数之后可以推断测试集的标记结果。在这个过程中，模型的构造是一个非常关键的环节，决定了模型学习和推断方法的选择。模型的构造包括概率图模型的选择（即选用哪种概率图模型（BN、MRF 或 CRF））、观测数据的特征选择、特征表达（根据选择的特征建立观测数据与其对应标记之间的模型关系）。

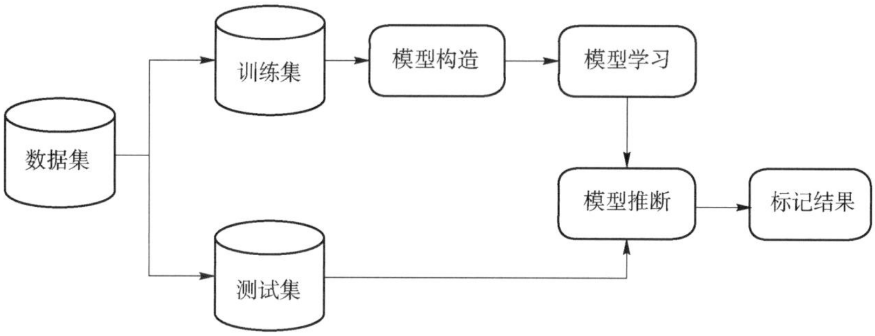

图 2.4　基于不确定性方法的实现流程

2.2.2 基于不确定性方法的单像深度重建

从单幅影像恢复场景的三维结构是一个病态的逆问题求解过程，存在着很大的不确定性。基于机器学习的单像深度重建方法就是将图像的深度重建作为不确定性视觉问题进行求解。首先提取图像中的深度线索（如颜色、纹理等），然后选用合适的概率图模型建立深度线索与像素点的 3D 位置之间的模型关系，最后对所建立的模型进行学习与推断即可获取得到图像的 3D 位置。下面以 Saxena 等[29]提出的方法为例，阐述基于机器学习的单像建模方法的主要思路。

2.2.2.1 模型的构造

Saxena 等[29]以超像素为处理单元，将超像素看作为图像中的一个同质平面区域。

Saxena 等[29]方法的目的是预测图像中超像素的3D 位置和方向，进而实现整个图像的三维重构。他们提出采用 MRF 建立图像中超像素的深度线索与超像素的3D 位置之间的模型关系。

（1）深度线索的提取

如2.1 节所述，一幅图像中所蕴含的深度线索有很多，如颜色、纹理、阴影、线性透视等等，选择合适的深度线索对场景的深度进行表达是一个难点，需要具有一定专业知识的人员通过专业和经验知识才能完成。Saxena 等[29]在提出的 MRF 模型中，试图获取的深度特征有纹理变化、纹理梯度、颜色、连接结构、共面和共线结构。其中纹理变化、纹理梯度和颜色三种深度线索用于估计超像素的绝对深度信息，连接结构、共面和共线结构用于估计邻接超像素之间的相对深度信息。

（2）模型建立

Saxena 等[29]认为超像素是一个平面区域，采用一个平面参数 $a \in \mathbf{R}^3$ 对超像素进行参数化，平面上的任意一点 $q \in \mathbf{R}^3$ 满足 $a^{\mathrm{T}}q=1$。假设一个超像素的平面参数为 a，则有：①相机中心到该平面中最近点的距离为 $\frac{1}{|a|}$；②法向量 $\hat{a}=\frac{a}{|a|}$ 是该平面的方向；③若相机中心到该平面内的一个像素点 i 的单位向量为 R_i，则相机中心到该点 i 的距离即该点的深度为 $d_i=\frac{1}{R_i^{\mathrm{T}}a}$。

采用 MRF 建立平面参数和深度线索（纹理变化、纹理梯度、颜色、连接结构、共面和共线结构）之间的关系，建立的 MRF 如下：

$$P(a \mid X,Y,R;\theta)=\frac{1}{Z}\prod_i f_\theta(a_i,X_i,y_i,R_i)\prod_{i,j} g(a_i,a_j,y_{ij},R_i,R_j) \tag{2.10}$$

式中：a_i 为超像素 i 的平面参数。对于一个共有 S_i 个像素点的超像素 i，用 x_{i,S_i} 表示超像素 i 中点 s_i 的绝对深度特征（纹理变化、纹理梯度和颜色），则 $X_i=\{x_{i,s_i},s_i=1,2,\cdots,S_i\}$ 表示超像素 i 的绝对深度特征。同样，$R_i=\{R_{i,s_i},s_i=1,2,\cdots,S_i\}$ 表示超像素 i 的一组射线。

式（2.10）中的第一项 $f(\cdot)$ 建立了超像素的平面参数与绝对深度特征之间的关系，形式如下：

$$f_\theta(a_i,X_i,y_i,R_i)=\exp\left(-\sum_{s_i=1}^{S_i} v_{i,s_i}\left|R_{i,s_i}^{\mathrm{T}}a_i(x_{i,s_i}^{\mathrm{T}}\theta)-1\right|\right) \tag{2.11}$$

式中：θ 是模型的参数，v_{i,s_i} 表示像素点 s_i 的预测深度与图像特征之间的置信度，且 $y_i=\{v_{i,s_i},s_i=1,2,\cdots,S_i\}$。

式（2.10）中的第二项 $g(\cdot)$ 建立了邻接超像素 s_i，s_j 之间的关系，形式如下：

$$g(\cdot)=\prod_{\{s_i,s_j\in N\}} h_{s_i,s_j}(\cdot) \tag{2.12}$$

式中：$h_{s_i,s_j}(\cdot)$ 为邻接超像素 s_i，s_j 的连接结构、共线结构或者共面结构关系。具体的表达式参见文献［29］。

2.2.2.2 模型学习与推断

对于所建立的 MRF 模型（式2.10）的参数 θ，通过训练数据集对最大化对数条件概

率 $\ln P(a \mid X, Y, R; \theta)$ 进行学习，并采用线性规划方法 LP 进行求解。

$$\theta^* = \underset{\theta}{\arg\max} \ln \frac{1}{Z} \prod_i f_\theta(a_i, X_i, y_i, R_i) \prod_{i,j} g(a_i, a_j, y_{ij}, R_i, R_j) \tag{2.13}$$

在学习得到该模型的参数 θ 之后，就可以进行模型推断，估计测试图像中超像素的平面参数。模型的推断是根据 MAP 准则，利用 LP 方法进行求解。

$$a^* = \underset{a}{\arg\max} \ln \frac{1}{Z} \prod_i f_\theta(a_i, X_i, y_i, R_i) \prod_{i,j} g(a_i, a_j, y_{ij}, R_i, R_j) \tag{2.14}$$

2.3 深度学习

机器学习是人工智能领域的核心研究方向之一，专门研究如何使计算机利用现有的数据或者经验进行学习，获取新的知识或者技能，以此改善自身的性能[111]。但是，到目前为止，机器学习仍然无法像人脑一样高效地处理信息，与人脑视觉感知机制相比仍然存在很大的差距。2006 年，Hinton 等[89]首次提出深度学习（Deep Learning）的概念，以更接近人脑的视觉感知机制来处理信息，为机器学习和人工智能带来了跨越式的发展。

2011 年，微软采用深度神经网络（Deep Neural Network，DNN）技术在语音识别中取得了突破性的进展，彻底改变了原有语音识别的技术框架[113]。2012 年，由机器学习领域的顶尖教授 Andrew Ng 和大规模计算领域的世界顶尖专家 JeffDean 共同主导的 Google Brain 项目吸引了公众的广泛关注。该项目利用 1.6 万个 CPU 构成并行计算平台训练名为“深度神经网络（DNN）”的网络模型，在图像分类识别和语音识别等中取得了很大的成功[114]。Hinton 和他的学生[115]在 2012 年以及之后的两年采用 CNN 网络在著名的大规模图像数据 ImageNet 上实现了图像识别并取得了很好地识别效果。2013 年，百度创始人兼 CEO 李彦宏在百度年会上宣布成立百度研究院，其中第一个重点研究方向就是深度学习，并为此组建了深度学习研究所（Institute of Deep Learning，IDL）。2016 年 1 月 28 日，国际顶尖期刊 *Nature* 以杂志封面的形式报道了 Google 旗下人工智能公司 DeepMind 开发的一款名为 Alphago[116]的人工智能，在没有任何让子的情况下以 5：0 完胜欧洲围棋冠军。3 月 15 日，Alphago 以 4：1 战胜韩国九段棋手李世石。Alphago 的一大关键就是采用了深度学习，它融合深层 CNN 神经网络架构和蒙特卡洛搜索树，利用来自专业棋手比赛的 3000 万对局对深度神经网络进行训练，使人工智能对人类对手下一步走法预测的正确率从 44%提升到了 57%。

2.3.1 深度学习概述

目前机器学习方法多数指的是如支持向量机 SVM、最大熵方法、Boosting 方法等“浅层”机器学习方法。传统的基于机器学习的计算机视觉任务（如图像分类、目标识别、语音识别等）的基本思路如图 2.5 上图所示。从原始数据出发，通过人工经验进行特征提取与表达并建立所需的目标模型，最后对所建立的模型进行学习和推断（如采用可训练的分类器 SVM 进行学习得到目标的分类）。其中，特征的提取与表达是整个机器学习过程中非常重要的步骤。特征的提取是根据特定的任务以及研究对象选择能够有效对研究对象进行表达的特征，特征的表达就是如何将输入映射到提取的特征空间上。但是特征提取与表达通常需要依靠先验知识进行人工选择和设计，需要具有一定专业知识的人员完成。特征具有多样性，且不同的视觉任务，不同的研究对象，具有不同的特征。传统的机器学习方法需要针对具体的视觉任务通过人工经验显式地提取和设计特征，并且特征的参数设置需要耗费大量的时间进行调节以达到预期效果。因此选择良好的特征与表达，是传统机器学习方法的关键步骤，不仅耗时耗力，而且特征提取的好坏在很大程度上决定了最终结果的好坏。

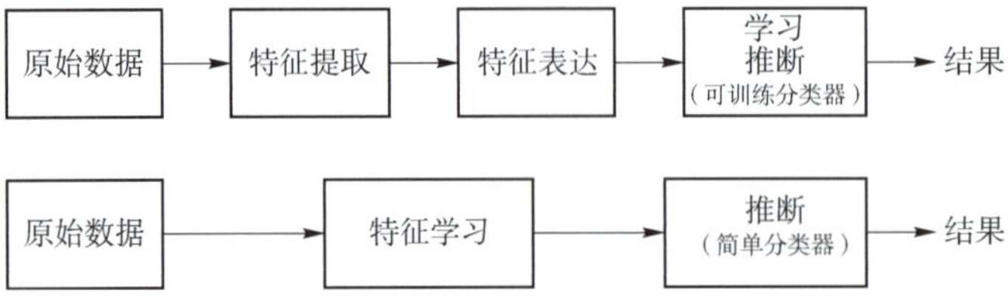

图 2.5　传统机器学习和深度学习的基本思路

例如，图 2.6 中所述的视觉任务——手写汉字识别和场景的深度重建。首要的任务就是根据视觉任务选择合适的特征。对于手写汉字识别，首先纹理特征应该有助于汉字的识别，那么该选择 Gabor 纹理、局部二值模式（Local Binary Patterns，LBP）、方向梯度直方图（Histogram of Oriented Gradient，HOG）、多重梯度直方图（Pyramid Histogram of Oriented Gradient，PHOG）等中的哪种纹理特征进行描述更有利于识别效果，需要依靠先验知识和不断的尝试才能确定。其次，手写汉字的轨迹方向、梯度、子笔画方向等方向特征对手写汉字的识别大有帮助，那么设计合理有效的方向特征如归一化组合特征提取（Normalization-Cooperated Feature Extration）8-方向特征同样需要不断地尝试和实验。对于场景的深度重建问题，如 2.1 节所述图像中含有颜色、纹理、阴影、遮挡关系等各种深度线索，而选用哪些深度线索描述场景的深度信息，需要依靠专业知识和先验知识，如 Saxena 等[27~29]采用的是纹理变化、纹理梯度和颜色三种深度线索。在选定好深度线索之后，那么接下来同样的问题就是通过不断地尝试和实验设计合理的特征描述子。

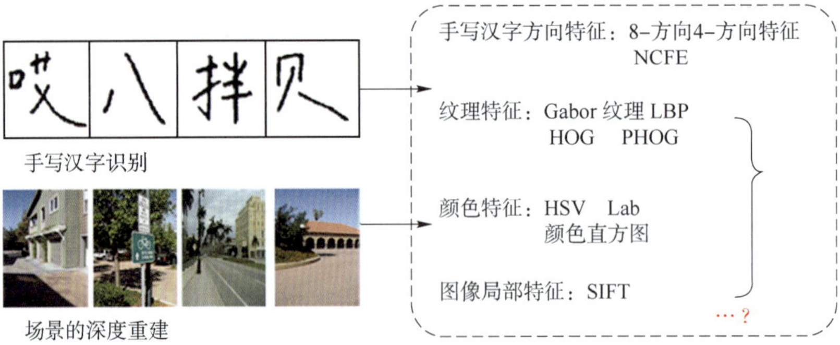

图 2.6　手写汉字识别和场景深度重建的特征提取

深度学习（Deep Learning）试图利用计算机模拟人脑的视觉感知机制，设计深层的网络结构，实现自动的特征提取和信息处理。深度学习（也通常叫深层结构学习或者分层学习)，狭义上可以定义为是一种包含多个隐层的多层神经网络，具有特定的网络结构和学习方法[117,118]。从广义上理解深度学习就是任何具有深层次网络结构的机器学习方法[117]。

深度学习是模拟人脑视觉机理的过程，其实质就是构建具有很多隐含层的网络结构，自动地、隐式地从原始数据中学习得到层次特征，进而提高预测等任务的正确性。深度学习的思路如图 2.5 下图所示，从原始数据出发，直接逐层进行特征学习，得到目标的高层抽象表示，最后进行推断（如采用简单的分类器即可得到目标的分类)。因此，可以说，深度学习中“深度模型”是其手段，“特征学习”是其目的。

深度学习中的“深度”，是相对于传统的“浅层”机器学习方法而言的。与“浅层”方法相比，深度学习的优势如下：

1）在模型结构方面，深度学习强调了模型结构的深度，通常含有较多层（5 层以上甚至 10 层以上）的隐层节点，是具有较高水平的非线性运算能力的网络结构。

2）在表达目标函数的能力方面，与浅层结构相比，深层结构能够用更少的参数并且更好地表征更复杂的高维函数。

3）在特征提取方面，浅层学习需要依靠人工经验显式地提取特征，而深度学习能够对原始数据通过逐层特征变换，自动地学习从底层到高层的有用特征，得到特征的层次性表示，更能够刻画数据的丰富内在信息。深度学习能够自动地学习得到特征的分布式表示，具有更好的全局推广能力[117]。

4）在信息共享方面，深度学习能够自动地挖掘原始数据中隐藏的模式，对不同的数据具有很好的扩展性，能够适用于不同的视觉任务中。

5）在人工智能方面，深度学习与视觉感知机理一样，对原始数据是分层进行处理，每一层神经网络对输入数据提取不同水平的特征，通过组合低层的特征，得到高层更加抽象的特征。深度学习是目前对人类大脑皮层最好的模拟，是人工智能值得研究的一个主要方向。

2.3.2 深度学习的常用模型

深度学习的常用模型主要有深度置信网络（Deep Belief Network，DBN）、堆栈自动编码器（Stacked Auto-Encoder，SAE）和卷积神经网络（CNN）。

（1）深度置信网络

受限波尔兹曼机（Restricted Boltzmann Machine，RBM）是深度置信网络 DBN 的核心组件，是一种特殊的波尔兹曼机。RBM 限制其结构仅为两层，是一个可视层和隐含层组成的双向网络结构，可视层与隐含层之间全连接，而层内节点之间无连接。RBN 的结构图如图 2.7 所示，可视层即为输入数据层，隐含层完成特征提取。

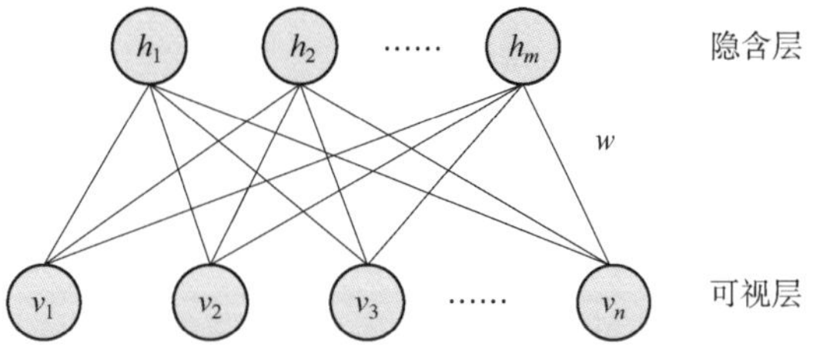

图 2.7 RBN 的结构示例

深度置信网络（DBN）是由 Hinton 等[89]在 2006 提出的一种深度学习模型。DBN 是由多个 RBM 叠加而成的，是一个包含多个隐层的深层神经网络模型[119]。DBN 可以看作为包含多层随机隐变量的贝叶斯概率生成模型，上面两层无向对称连接，下层接收来自上一层自上而下的有向连接，最底层为可视输入数据层。如图 2.8 所示，DBN 是由多个结构单元 RBM 堆栈而成的。堆栈中每一层 RBM 的输出作为下一层 RBM 的输出，更高层提取更为抽象的有用特征，进而提高输入数据的泛化程度。

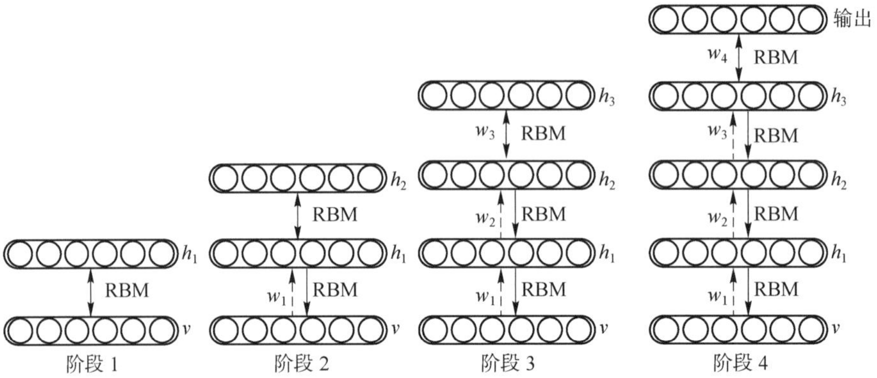

图 2.8　DBN 的生成过程

(2) 堆栈自动编码器

自动编码器（Auto-Encoder，AE）是堆栈自动编码器（SAE）的核心组件之一。自动编码器采用传统单层人工神经网络的特点，仅包含一个隐含层，试图寻找输入数据的有用信息，并通过这些信息尽可能地使重建输出等于输入。自动编码机的结构如图 2.9 所示，将输入 x 通过编码器 $c(\cdot)$ 编码为 $c(x)$，再通过解码器 $g(\cdot)$ 对 $c(x)$ 进行解码重构输入 $r(x)=g[c(x)]$，通过最小化重构误差 $L[r(x),x]$ 对网络模型进行优化，使得重构尽可能等于输入。

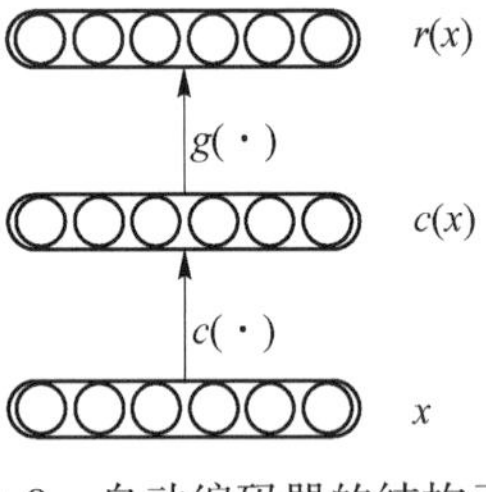

图 2.9　自动编码器的结构示例

受 DBN 思想的启发，2007 年 Bengio 等[120]提出了堆栈自动编码器 SAE。与 DBN 的结构相似，SAE 也是由若干个结构单元叠加而成的，但是 SAE 的结构单元不是 RBM，而是 AE。同样，与 DBN 的生成方式一样，堆栈中每一层 AE 的输出作为下一层 AE 的输出。在训练过程中，每一次仅训练一个 AE，然后将该 AE 的隐含层作为下一个 AE 的输入层再继续训练，如此递归。最后将所有的 AE 堆栈在一起形成一个深度神经网络，其结构如图 2.10所示。

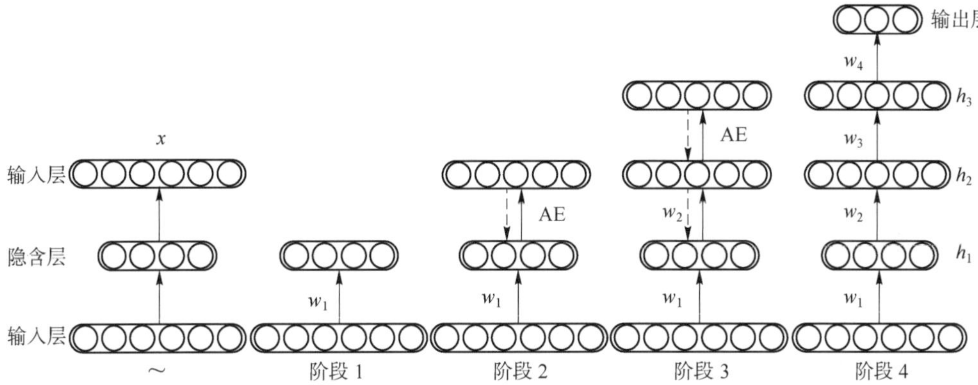

图 2.10　堆栈自动编码器的生成过程

（3）卷积神经网络

CNN 是受视觉系统结构的启发而设计的一种多层感知器。1962 年，Hubel 等[121]通过对猫视觉皮层的研究提出了感受野（Receptive Field）的概念。Fukushima[122]基于感受野的概念提出神经认知机模型，实现了第一个 CNN 模型。它试图将视觉系统模型化，使其在输入模型发生一定的位移、大小等变化时仍然能够完成识别。Lecun 等[123~125]在此基础上，提出利用反向传播算法（Back Propagation，BP）设计并训练 CNN 模型，并在一些模式识别任务中展现出了非凡的性能。基于 CNN 的模式识别系统是至今为止性能最优的系统之一。

CNN 是一类特殊的深层次神经网络模型，被认为是第一个真正成功采用深层网络结构的深度学习方法。CNN 的特征提取层是通过样本数据进行学习的，避免了显式的特征提取，而是自动地从样本数据中学习有用特征。此外，CNN 的神经元之间采用局部连接的方式，层内的某些神经元之间采用权值共享，网络可以并行训练和学习，这是 CNN 相对于其他神经网络的一大优势。CNN 的局部连接和权值共享，减少了神经网络中权值数量，降低了网络的复杂性，特别适用于图像处理和理解中的各种视觉任务中。

DBN 和 SAE 需要将输入的二维图像转换为一维向量的形式，这将丢失一定的空间信息，而 CNN 可以将多维向量的图像直接作为输入，使得在特征学习过程中能够充分利用数据的空间信息，而且能够避免在特征提取和表达等过程中数据重构的复杂度。与 DBN 和 SAE 相比，CNN 的网络结构与实际的生物神经网络更相仿，在图像分析和处理领域中有独特的优越性，并且已经取得了很好的研究成果[126~129]，因此作者采用 CNN 作为深度学习方法的网络模型研究基于深度学习的单像深度重建方法。

下面对 CNN 的网络结构和学习过程进行详细阐述。

2.4　卷积神经网络

人工神经网络（Artificial Neural Networks，ANN）是一种对人脑神经系统的一阶特性的描述，是在对生物神经网络进行基本认识的基础上，以数学、物理的方法以及从信息处理的角度对人脑的生物神经系统进行抽象、简化以及模拟[130]。基于 BP 算法的人工神经网络（称为多层前馈神经网络）能够从大量的训练样本数据中学习统计规律，实现对未知数据的预测，是至今为止使用最为广泛的神经网络，尤其是在模式识别、图像处理和图像理解等中有着广泛的应用。此时的人工神经网络虽被称之为多层感知器，但是随着隐含层数量的增加会产生梯度弥散问题，即反向传播的误差信号在传播过程中将越来越小，从而影响网络权值的训练。因此，传统的人工神经网络通常为只包含一层隐含层的浅层模型。

CNN 是人工神经网络和深度学习相结合的产物，使用改进的基于梯度的 BP 算法对神经网络进行训练，解决了传统神经网络中梯度弥散的问题，是一种包含多个隐含层的深层神经网络，实现了深度学习的方法。CNN 采用局部感受野、权值共享以及空间/时间上的下采样的网络结构，使之与生物神经网络更相仿，减少了权值的训练，降低了网络的复杂度，并且能够对缩放、位移以及扭曲等形变保持不变性。CNN 网络结构的优势在以多维图像为网络的输入时表现得尤为明显，能够直接将图像作为网络的输入，从而避免了传统机器学习方法中复杂的特征提取与表达以及数据重建的过程。

2.4.1 人工神经网络

人工神经网络是科学家们在生物神经网络的启发下而构造的，反映了人脑某些特性的一种计算结构。在生物神经网络中，生物神经元是网络的基本处理单元。类似地，人工神经网络的基本要素为人工神经元，它是生物神经元的一种形式化描述。

（1）人工神经元

对于每一个人工神经元，接收来自上一层神经元的输出作为输入信号，每一个输入信号与一个权值（相当于生物神经元中突触的“联接强度”）相对应，所有输入信号的加权和，外加一个偏置，构成该神经元的网络输入，并使用激活函数（Activation Function）对所获得的网络输入执行变换，得到适当的输出信号。得到的输出信号将传输给另一个人工神经元作为输入信号或者作为网络输出信号中的一部分。典型的人工神经元如图 2.11 所示。

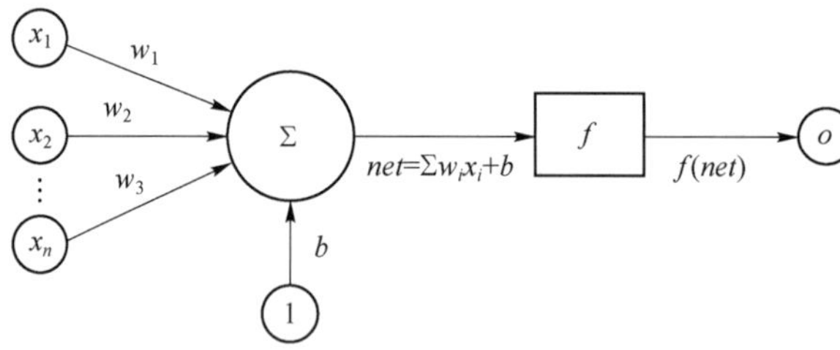

图 2.11　人工神经元的示意图

设 x_1，x_2，…，x_n 表示一个神经元的 n 个输入信号，其对应的权值分别为 w_1，w_2，…，w_n，b 表示附加的偏置项（亦称为基），用 net 表示该神经元所获得的网络输入，有：

$$net = \sum w_i x_i + b \tag{2.15}$$

对该神经元所获得的网络输入利用激活函数执行变换，得到该神经元的输出 o：

$$o=f(net) \tag{2.16}$$

式中：$f(\cdot)$表示激活函数。由此可见，需要学习的参数为各层神经元的权值以及附加的偏置量。

激活函数是对生物神经元转移特性的一种描述，控制每个神经元的输入信号对输出信号的激活作用。当神经元的净输入超过一定阈值时，则该神经元处于激活状态，相反，它处于抑制状态。常用的激活函数主要由以下几种：

1）tanh 函数（双曲正切函数）：

$$o=\frac{1-e^{-net}}{1+e^{-net}}$$

2）Sigmoid 函数（S 型函数）：

$$o=\frac{1}{1+e^{-net}}$$

3）阶跃函数（step 函数）：

$$o=\begin{cases}1, & \text{if } net\geqslant 0\\ 0, & \text{if } net<0\end{cases}$$

4）Signum 函数（符号函数）：

$$o=\begin{cases}1, & \text{if } net\geqslant 0\\ -1, & \text{if } net<0\end{cases}$$

（2）多层前馈神经网络

Minsky 和 Papert[131]在 1969 年出版的 *Perceptron* 一书中指出，单层前馈神经网络只能进行线性分类，而对于非线性问题，需要采用包含隐层的多层前馈神经网络。但是长期以来对这样的多层前馈神经网络没有一种有效的学习算法，从而限制了其应用。直至 1986 年，Rumelhart 和 Mcclelland[132]组成的科学小组在合著的 *Parallel Distributed Processing* 一书中提出并详细地分析了多层前馈神经网络的学习算法——反向传播算法（BP 算法），使神经网络得以继续发展。由于多层前馈神经网络通常采用 BP 算法进行学习，因此该网络也常称为 BP 网络。

目前应用最为普遍的多层 BP 网络是如图 2.12 所示的含单隐层神经网络，亦称为三层感知器，由输入层、隐含层和输出层组成。图中标识为“+1”的圆圈表示该层神经元的偏置。将数据输入输入层，各层以上一层的输出作为输入计算得到该层的输出，并传递给下一层，直到传至输出层。

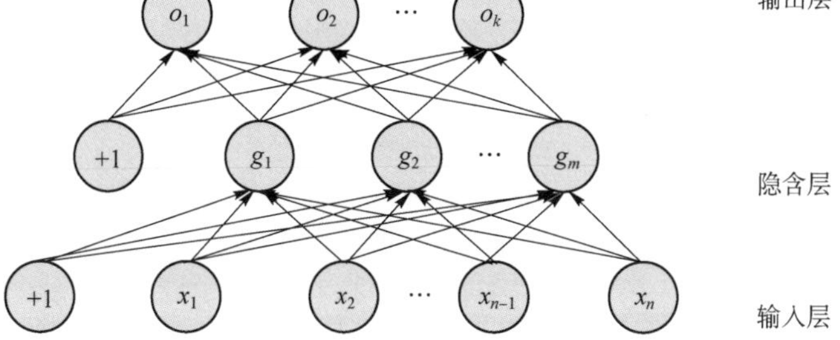

图 2.12　BP 网络结构图

(3) BP 学习算法

BP 网络需要训练的参数为各层神经元的权值以及偏置，通常采用 BP 算法进行学习，其过程由信号的前向传播和误差的反向传播两个阶段组成。整个算法的处理流程可用如图 2.13所示表示。

1) 前向传播：将训练样本数据送入输入层，经中间隐含层逐层计算并传递至下一层，直至传递至输出层。在传递过程中，上一层的神经元只与下一层的神经元连接。若在输出层得到的网络输出与期望输出不等，即存在误差，则计算输出层的输出误差，并将其送入反向误差传播阶段。

2) 后向传播：将输出误差以某种形式从输出层按原来的连接方向反向逐层传递至输入层，并将误差分配至各层的所有单元，逐层调整网络的参数，以使误差达到最小。

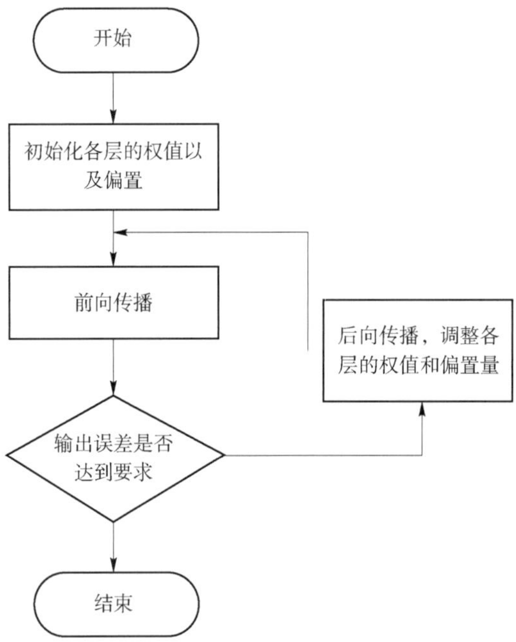

图 2.13 BP 算法的流程图

2.4.2 卷积神经网络的网络结构与学习

2.4.2.1 CNN 概述

图像数据往往都比较大，包含几百个甚至更多的像素点，对于标准的全连接 BP 网络，若第一个隐含层有 100 个神经元，则仅输入层和该隐层之间就需要几万个权值进行连接，从而导致网络结构异常庞大，并且容易产生过拟合的现象。再者全连接网络完全未考虑训练数据的局部性特征，而对于图像等数据，往往存在着很强的二维或者一维的局部结构性。因此，对于图像处理等任务中，传统的神经网络通常难以胜任。

层与层之间局部连接的 CNN 采用局部感受野、权值共享和空间或者时间上的下采样相结合的网络结构，能够充分利用数据自身含有的局部特征，优化整个 CNN 网络结构，并保证网络具有一定的变形和位移不变性。

人们对世界的认识是一个局部到全局的过程，同样，图像在局部空间中联系的较为紧密，而距离越远的像素，相关性越弱。因此，神经网络中的每个神经元没有必要与其他所有神经元进行相互连接，可以先进行局部连接，然后在更高层将局部特征进行综合得到全局特征。局部感受野是指 CNN 中每一层的神经元只与上一层的某局部区域的神经元连接，在提取局部特征的同时也保留了与其他特征的相似位置（图 2.14）。CNN 中各个隐含层是由多张特征图（feature maps）组成的，权值共享就是指同一特征图采用相同的卷积模板提取特征，在减少网络的权值数量的同时还能够较好的保持平移不变性。下采样就是对特征图进行局部平滑和子采样，其主要意图就是降低特征图的维数，并且保证网络具有一定的平移和其他形变的不变性。

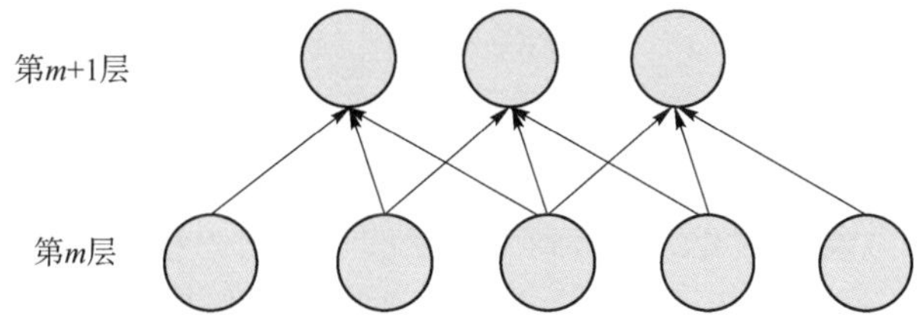

图 2.14　局部连接

第 $m+1$ 层的神经元的感受域的宽度为 3，即第 $m+1$ 层的每个神经仅与第 m 层的 3 个相邻的神经元相连接

CNN 是传统神经网络与深度学习方法的结合，输入层、输出层以及多个隐含层组成的可训练的深层架构。CNN 在传统神经网络的基础上，引入卷积（Convolution）和池化（Pooling）操作，通过卷积能够获得图像的局部特征，而池化（下采样）保证了由卷积获得的图像特征的空间不变性，因此，与传统神经网络相比，CNN 更适合用于图像处理、识别等任务中。

2.4.2.2　CNN 的网络结构

对于图像分类等任务，典型的 CNN 网络结构如图 2.15 所示，输入层为经过规则化的二维图像，之后每一层中的神经单元只接受上一层的某局部区域作为输入。中间低隐层由卷积层和池化层交替组成，最后的高层通常为一个或几个全连接层（全连接层与传统的神经网络一样，该层的每个输入神经元与每个输出神经元相连接），每一层的输出（即特征图）作为下一层的输入，每个特征图中的所有神经元共享相同的权值系数。如图 2.15 中典型的 CNN 网络首先是将输入送入 1 个或者多个特征提取阶段、对所有的特征图进行全连接，并且通过损失层计算实际输出与理想输出的误差。每个特征提取阶段主要由卷积层（Convolutional Layer）、非线性层（Non-Linearity Layer）和特征抽取层［池化层（Pooling Layer）］组成。图中的 CNN 网络结构包括两个特征提取阶段，两个全连接，最后一层通过 Softmax 回归进行分类，得到输入图像的类别概率。

（1）卷积层

CNN 中卷积层通常含有多张特征图的输出，每张特征图是通过权值、偏置值和计算函数相同但是分布于输入图像各个不同位置的一组神经单元构成的。特征图中的每个神经元接受输入图像中不同位置的局部区域作为输入进行卷积运算。卷积层就是利用多组不同的卷积核对上一层的输出进行卷积运算得到具有不同权值向量的多张特征图，提取同一位

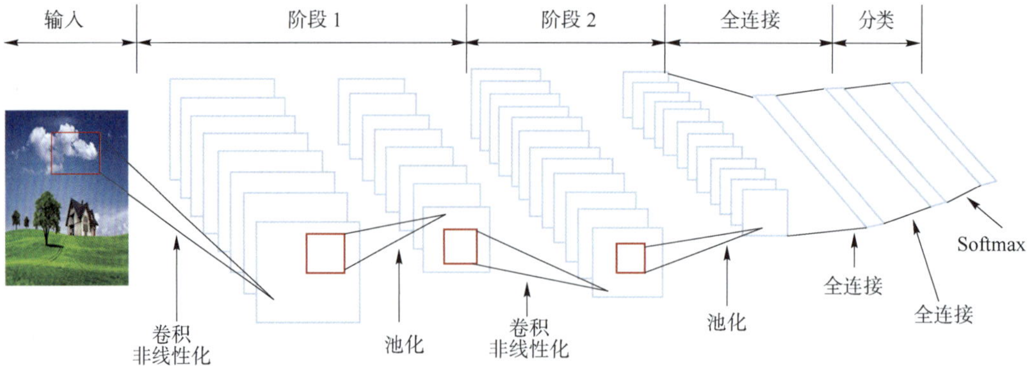

图 2.15　CNN 网络结构的示意图

置上的多种类型的特征。也就是说，卷积层是利用上一层的特征图与多组不同滤波器的卷积核进行卷积运算，并通过激活函数得到当前层的特征图，卷积层的计算形式可以利用如下形式进行表示：

$$x_j^l = f\left(\sum_{i \in M_j} x_i^{l-1} * k_{ij}^{l-1} + b_i^l\right) \tag{2.17}$$

式中：l 表示卷积层在 CNN 网络结构中所在的层数；x_j^l 表示的是卷积层 l 中的第 j 个特征图；k 为一组卷积核；b 为附加的输出偏置；$*$ 为卷积运算。M_j 为被选择的输入特征图的集合（即上一层 l-1 的特征图）。输入特征图的组合方式比较常见的有"一对二"和"一对三"，即一个层的一个特征图是由上一层的两个或者三个特征图的组合作为输入进行计算得到的。$f(\cdot)$表示激活函数，即在非线性层利用非线性激活函数对层中的每个神经元进行激活。常用的激活函数有 Sigmoid 函数，Tanh 函数。Krizhevsky 等[90]在面向图像分类的 CNN 网络中采用了一种改正的非线性函数，称为修正线性单元（Rectified Linear Units，ReLU），能够加快网络的学习速度，并且能够防止过拟合现象。ReLU 的公式形式为：$f(x)=\max(0,x)$。

（2）池化层

建立池化层的目的是为了减少数据的计算量，同时保留特征图的有用信息。与卷积层相似，每张特征图是通过权值、偏置值和计算函数相同但是分布于输入图像各个不同位置的一组神经单元构成的，但是池化层的接受域一般不重叠。池化层相当于对上一卷积层进行下采样操作，得到与上一卷积层相同的特征图数目，其计算形式如下式所示：

$$x_j^l = f[\beta_j^i \mathrm{down}(x_j^{l-1}) + b_j^l] \tag{2.18}$$

式中：down$(\cdot)$为下采样函数；β 为下采样的系数；b 为附加的输出偏置；$f(\cdot)$表示激活函数。其中常用的池化方法有最大值池化法（Max-pooling）和平均值池化法（Mean-pooling），即采用最大值或者平均值作为该区域池化后的值。

2.4.2.3　CNN 网络的学习

CNN 的模型参数包括所有卷积层的卷积核 k 和附加的输出偏置 b 以及池化层的下采样系数 β 和偏置 b。CNN 通常采用误差反向传播 BP 算法对这些模型参数进行学习，学习过程包括前向传播和后向传播两个阶段。

1）前向传播：从样本数据集中抽取一个样本（X，X_p）输入到 CNN 网络中，通过 CNN 网络的中间层逐层变换传播到输出层，得到相应的实际输出 o_p。

2）后向传播：根据前面所述的 BP 算法的原理，就是需要通过计算理想输出 y_p 与实际输出的误差 o_p，将误差进行反向传播并按照误差的最小化原则对相应的权值和偏置进行更新。数据的实际输出与理想输出之间的误差函数也称为网络的损失函数（Loss Function），最常用的损失函数为实际输出与理想距离之间的平方误差函数。假设第 p 个样本平方误差损失函数的计算公式如下：

$$E_p = \frac{1}{2}\sum_j (y_{pj} - o_{pj}) = \frac{1}{2}\left\| y_p - o_p \right\|_2^2 \tag{2.19}$$

CNN 的参数学习就是根据前向阶段后计算得到的响应误差，从输出层经各中间层采用梯度下降算法逐层更新相应的权值和偏置。因此，在 CNN 网络的学习过程中需要对 CNN 网络中各层参数的梯度进行计算。这里给出卷积层和池化层的梯度计算的推导过程。

网络反向传播回来的误差可以看作为每个神经元的基的灵敏度 δ，即误差相对于基 b 的变化率（即偏导），其定义如下：

$$\frac{\partial E}{\partial b}=\frac{\partial E \partial u}{\partial u \partial b}=\delta \tag{2.20}$$

假设 CNN 网络总共包含 n 层，用（W，b）=（W^1，b^1，W^2，b^2，…，W^n，b^n）表示该网络的参数，其中 $W_{ij}{}^l$ 表示第 l 层中第 j 个神经元与第 $l-1$ 层中第 i 个神经元的连接权值，b^l 表示第 l 层神经元的偏置量（基），则根据式（2.15）和式（2.16）可知，第 l 层的输出可以用如下形式表示：

$$x_l=f(u^l),u^l=W^l x^{l-1}+b^l \tag{2.21}$$

由于基 b 本身可以看作为一个输入单元，因此在这种模型下，有 $\frac{\partial u}{\partial b}=1$，从而有 $\frac{\partial E}{\partial b}=\frac{\partial E}{\partial u}=\delta$，这说明一个神经元的基 b 的灵敏度 $\frac{\partial E}{\partial b}=\delta$ 与误差 E 关于它的神经单元全部输入 u 的偏导数 $\frac{\partial E}{\partial u}=\delta$ 相等。根据 BP 算法的原理，误差以梯度的形式从高层反向传递回低层，因此，灵敏度 δ 可以定义为：

$$\delta^l=(W^{l+1})^{\mathrm{T}}\delta^{l+1}\circ f'(u^l) \tag{2.22}$$

式中：运算符“∘”表示逐个元素相乘。

根据所提供的损失函数（式 2.19），输出层 l 的神经元的灵敏度计算形式如下：

$$\delta^l=f'(u^l)\circ(y^p-o^p) \tag{2.23}$$

接下来就是运用灵敏度 δ 规则对每个神经元的权重进行更新，即对于一个给定的神经元，在得到其输入后，运用该神经元的灵敏度 δ 进行缩放。若以向量的形式表示，可以描述为误差对于该层每一个权值（组合为矩阵）的偏导是该层的输入与该层的灵敏度（该层中每个神经元的灵敏度组合成的向量）的外积。则该层神经元的权重更新就是得到的偏导数与一个负学习率的乘积。

$$\frac{\partial E}{\partial W^l}=x^{l-1}(\delta^l)^{\mathrm{T}}$$
$$\Delta W^l=-\eta\frac{\partial E}{\partial W^l}=-\eta x^{l-1}(\delta^l)^{\mathrm{T}} \tag{2.24}$$

式中：η 为学习率，学习率影响网络学习过程的稳定性。在学习过程中，通常将学习率设为一个较小的数以保证学习过程的稳定性和收敛性。

（1）卷积层的梯度计算

卷积层的输出特征图是由上一层的特征图与学习的卷积核进行卷积运算，并通过激活函数得到的。卷积层的计算如式（2.17）所示，卷积层的网络参数为卷积核 k（权值）和偏置 b，所以需要计算卷积核 k 和偏置 b 的梯度，对参数 k 和 b 进行更新。

CNN 中的每个卷积层后面通常会接一个池化层，因此这里假设网络中的每个卷积层 l 的下一层为池化层 $l+1$。根据 BP 算法的原理可知，为得到卷积层 l 的每个神经元对应的权值更新，首先需要计算出卷积层 l 的每个神经元的基的灵敏度 δ。由式（2.22）可知，灵敏度 δ 的计算需要得到层 $l+1$ 的神经元的基的灵敏度。

但是，由于卷积层 l 后面有池化层的存在，而池化层中的一个像素对应的基的灵敏度与卷积层的输出特征图中的一块像素对应，因此层 l 中的一个特征图的每个神经元只与层 $l+1$ 中的一个神经元连接。为了能够有效地计算层 l 的基的灵敏度，首先将池化层 $l+1$ 的基的灵敏度进行上采样，使其与卷积层 l 的大小一致。与式（2.22）类似，将上采样得到的层 $l+1$ 的基的灵敏度与层 l 的激活函数的偏导进行点积运算，再与层 $l+1$ 的权重（即为池化层 $l+1$ 的采样系数 β）相乘就可以得到层 l 的灵敏度。即卷积层 l 中每个特征图 j 的基的灵敏度的计算公式可以定义为：

$$\delta_j^l=\beta_j^{l+1}\left[f'(u^l)\circ\mathrm{up}(\delta_j^{l+1})\right] \tag{2.25}$$

式中：$\mathrm{up}(\cdot)$ 表示上采样函数。

假设池化层 $l+1$ 的下采样因子为 n，则上采样就是将每个像素在水平和垂直方向分别复制 n 倍。上采样函数可以采用 Kronecker 积实现：

$$\mathrm{up}(x)=x\otimes 1_{n\times n} \tag{2.26}$$

给定卷积层 l 中的特征图 j 的基的灵敏度 δ_j^l 之后，特征图 j 的偏置的梯度就是 δ_j^l 中所有元素的灵敏度的总和，计算公式如下：

$$\frac{\partial E}{\partial b_j}=\sum_{u,v}(\delta_j^l)_{uv} \tag{2.27}$$

卷积核 k_{ij}^l 的梯度可以根据如下式（2.28）进行计算，需要注意的是卷积层中有许多连接共享权值，因此如同偏置的梯度计算一样，需要将该权值所涉及的所有梯度进行求和，计算公式如下：

$$\frac{\partial E}{\partial k_{ij}^l}=\sum_{u,v}(\delta_j^l)_{uv}(P_i^{l-1})_{uv} \tag{2.28}$$

式中：$(P_i^{l-1})_{uv}$ 表示特征图中 x_i^{l-1} 中与卷积核 k_{ij}^l 进行卷积运算的区域块。

（2）池化层的梯度计算

池化层就是对上一层的特征图进行下采样产生新的结果，对于 n 个输入的特征图，将

产生 n 个分辨率小于输入图的输出特征图，计算如式（2.18）所示。

池化层需要学习的参数是采样系数 β（权值）和偏置 b，所以需要计算下采样系数 β 和偏置 b 的梯度。与卷积层一样，为得到池化层 l 的每个神经元对应的权值的权值更新，首先需要计算出层 l 的每个神经元的基的灵敏度 δ。池化层 l 的后面通常连接着卷积层或者全连接层。若池化层的后面连接着全连接层，则可以直接根据 BP 算法运用公式（2.22）计算该层的基的灵敏度。当池化层 l 的后面为卷积层时，由于下采样的缘故，首先需要找到池化层 l 中的特征图的哪块区域与卷积层 $l+1$ 中的指定像素相对应。通过卷积的形式可以实现池化层 l 中特征图 j 的基的灵敏度的计算：

$$\delta_j^l = f'(u^l) \circ \mathrm{conv2}[\delta_j^{l+1}, \mathrm{rot180}(k_j^{l+1}), \text{'full'}] \tag{2.29}$$

式（2.29）表示需要旋转卷积来执行卷积函数的互相关计算。

同样，池化层 l 中特征图 j 的偏置 b 的梯度就是 δ_j^l 中所有元素的灵敏度的总和，计算公式如下：

$$\frac{\partial E}{\partial b_j} = \sum_{u,v} (\delta_j^l)_{uv} \tag{2.30}$$

下采样系数 β 梯度的计算与前向传播过程中当前层的原始下采样特征图相关（即未附加偏置 b 的下采样特征图），因此，为计算方便，可以在前向传播过程中将这些特征图保存下来。层 l 的第 j 个原始下采样特征图可以定义为：

$$d_j^l = \mathrm{down}(x_j^{l-1}) \tag{2.31}$$

则 β 的梯度的计算公式可以写为：

$$\frac{\partial E}{\partial \beta_j} = \sum_{u,v} (\delta_j^l \circ d_j^l)_{uv} \tag{2.32}$$

第3章 基于多尺度 CNN 的图像语义分割

图像的局部特征往往不能提供足够的信息用于场景深度的重建。实际场景中存在很多具有相似外貌特征的局部信息，容易引起深度的多义性。例如一幅影像中的天空和水面具有相似的外貌特征，但是它们的空间位置和深度却完全不同。为消除深度的多义性，Saxena 等[28]隐式地加入了对局部特征的语义理解，设计了复杂的图像特征向量推理场景的深度图。Liu 等[86]对其进行改进，在利用 MRF 进行推理深度之前，首先对整幅影像进行语义分类，将影像的不同区域分别赋予天空、地面、草地、树木、建筑物、山脉或者前景物体。场景的语义类别信息是一类非常有用的高层视觉特征，具有很强的几何意义。例如天空处于场景的最远方，地面和草地一般情况下是树木等物体的支撑面，建筑物通常垂直立于地面。场景的语义类别信息作为一种高层深度线索，能够较好地消除物体之间深度的多义性，能够指导深度预测过程或者对深度预测的结果进行优化，恢复更为可靠的深度图。

本章首先对图像语义分割进行简要的概述，接着介绍图像语义分割的现有方法。针对现有图像语义分割方法存在的不足，基于卷积神经网络（CNN）的原理，提出一种基于多尺度 CNN 的图像语义分割方法，并对多尺度 CNN 模型的结构、学习以及推断过程进行详细阐述。最后通过实验验证方法的有效性和可靠性，并给出了方法的实验结果与分析。

3.1 图像语义分割概述

图像的语义分割就是通过一定的方法，将整幅图像分割成具有一定语义含义的区域块，并识别出每个区域块的语义类别，实现从底层到高层语义的推理过程，最终得到一幅具有逐像素语义标注的分割图像。如图 3.1 所示，（a）图是原始图像，（b）图是语义分割得到的结果图，每个像素都被标注为一种语义类别，如“天空”、“树木”、“建筑物”、“草地”、“道路/地面”等。图 3.1（b）中每一种语义类别使用不同的颜色进行表示。蓝色表示“天空”，深绿表示“树木”，橙色表示“建筑物”，紫色表示“地面/道路”，绿色表示“草地”等。很显然，语义分割的结果对输入图像中的每个像素都赋予了语义理解，完成了由离散的图像到高层语义的推理。图像语义分割在很大程度上实现了场景理解的过程。在很多视觉任务中，如目标识别、场景分类（街道、海边、室内等），通常将语义类别信息作为一种高层视觉线索，以获得更为可靠的结果。同样，在三维重建任务中，语义类别信息可以作为一种高层的深度线索，指导深度的预测，能够消除物体之间深度的歧义性，恢复更为精确的场景结构。

（a）原始图像　　（b）语义分割结果

图 3.1　图像语义分割示意图

目前的图像语义分割方法主要有基于非参数转换的数据驱动方法和基于机器学习的方法。运用概率图模型如 BN、MRF、CRF 等的机器学习方法，结合概率模型以及图描述的优势，在图像语义分割中得到了广泛的应用，并取得了较好的研究成果。

在研究初期，受复杂场景模型建立的复杂性的限制，研究学者们仍停留在对简单场景中的少量或者特定目标的识别与分割的研究。Feng 等[133]在前期研究的基础上，结合信念网络（Belief Network）和神经网络，提出一种基于树状信念网络（Tree-structured Belief Network，TSBF）模型的场景分割方法，实现了对室外场景图像中目标的分割，如道路、天空、树木等。Kumar 等[134]基于文献［135］提出的多尺度随机场模型（Multi-Scale Random Field，MSRF）模型，利用混合高斯模型检测自然场景中的人造结构。Kumar 等[136,137]基于 CRF 模型提出了一种基于 DRF 的图像分类方法。与 MRF 模型相比，该模型放松了对观察数据的条件独立性的假设这一要求，并且考虑了图像的上下文约束关系。He 等[138]首次融合多个尺度的局部和全局特征建立多尺度 CRF 模型，实现室外自然场景的图像语义标注。随后，He 等[139]为提高图像语义分割的效率，提出了一种以超像素为单元的混合 CRF 模型。Gould[140]提出一种基于区域的模型（Region-based Model），并结合对象的外貌特征和场景的几何特性（地平线）将场景分解为多个几何和语义一致的区域。Boix 等[141]为融入多尺度的上下文信息，提出了一种新的一致性势能，称为 Harmony Potential 解决图像语义标注问题。赵龙等[142]采用 CRF 模型对图像中的位置、颜色、纹理特征组成的特征向量进行建模，对场景进行识别。毛凌[143,144]首先对图像中的目标进行检测，并将其与点对 CRF 统一在一个概率图模型中，建立高阶 CRF 模型，实现对图像的语义分割。李艳丽等[145]引入物体的局部颜色模型，呈现了一种结合局部颜色以及先验模型的双层条件随机场的场景理解算法。Zheng 等[146]将对象和属性信息融入层次 CRF 模型中，实现逐像素的图像语义分割。周俊等[147]针对农田自然环境图像的特点，提出采用 CRF 模型实现梨园场景的图像语义分割。

基于机器学习的图像语义分割方法的一般流程如图 3.2 所示，首先将输入图像分割成一系列具有独特性质的区域块，提取每个区域块的图像特征（如纹理、颜色、形状等）。然后根据一定的规则建立这些图像特征与高层语义之间的概率图模型，最后通过样本库的训练，学习得到模型的参数，获得最终的语义分割模型。概括起来主要由图像分割、图像特征提取与表达和参数学习三个部分组成。可以看出，这类方法的一个关键技术就是图像特征的提取与表达。常用的图像特征包括颜色、纹理和形状等。另外，场景中还蕴含着复杂的上下文关系，包括物体与物体之间的局部上下文关系以及物体与整幅图像之间的全局上下文关系。例如天空位于图像的顶部，汽车通常和地面在一起。上下文信息包含了多尺度特性，大小不同的图像区域块提供不同程度的图像信息。越大的图像区域块往往能够提供越丰富的图像信息，而小图像区域块能够提供的图像信息较少。上下文信息有助于为图像的区域块分配正确的语义类别，提高图像语义分割的性能。如何对这些特征进行表达，建立适合的语义分割模型将直接影响最终结果的好坏。如第二章所述，传统的基于机器学习的方法中需要依靠先验知识进行人工选择和设计，不仅耗时耗力，而且难以保证最终结果的精度。

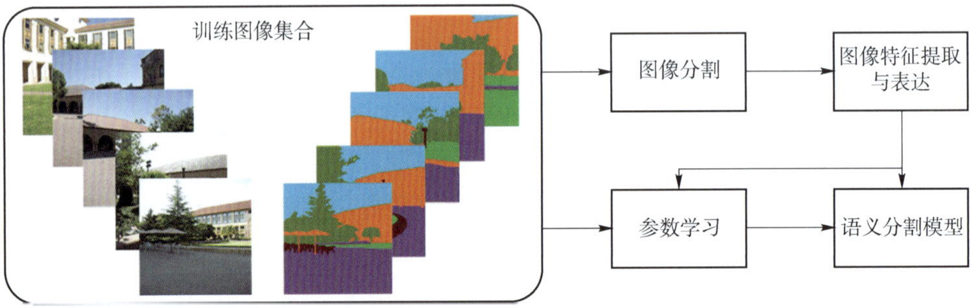

图 3.2　传统机器学习的图像语义分割方法的一般流程

基于非参数转换的数据驱动方法的基本思路如图 3.3 所示，假设相似的场景具有相似的语义结构，首先根据场景的相似性从训练集中检索出与输入图像最相似的若干候选图像，然后根据一定的规则［如相似图像之间的稠密的尺度不变特征变换（Scale-invariant Feature Transform，SIFT）特征］将最匹配图像的语义信息迁移到输入图像，作为估计的语义解析图。Liu 等[148]将 sift 流引入图像配准任务中，通过 sift 描述子对图像的局部结构进行描述，并通过光流算法匹配图像的 sift 特征。在 Liu 等[148]的基础上，Liu 等[149]提出一种改进的 sift 流匹配算法，称为 coarse-to-fine sift 流，并且采用 MRF 实现场景的语义解析。Tighe 等[150]以超像素为处理单元，根据超像素的图像特征寻找其在相似图像集中的最近邻匹配。Eigen 等[151]、Singh 等[152]、Yang 等[153]在 Liu 等[148]方法的基础上进行改进，完成图像的语义分割。该类方法对场景进行强制约束，并且仍需寻找合适的图像特征完成图像的近邻匹配与语义迁移，因此该类方法并不适用于所有场景，对不同的场景可能得不到准确的图像语义分割结果，并且图像特征的选取与表达仍然是一个关键问题。

CNN 能够自动地学习得到图像特征的分布式表示，避免了人工显式的特征提取与表达的需要。并且，与传统方法相比，CNN 能够从大量样本图像集中学习得到较深层次的图像特征。已有一些学者提出采用基于 CNN 模型的图像语义分割方法。Grangier 等[154]在 2009 年采用了一个较简单的 CNN 模型实现图像的语义分割，证明了 CNN 能够用于图像语义分割中，并能够取得较好的结果。Socher 等[155]提出一种基于递归神经网络（Recursive Neural Network，RNN）的自然场景解析方法，提取图像区域的视觉特征，并将其通过神

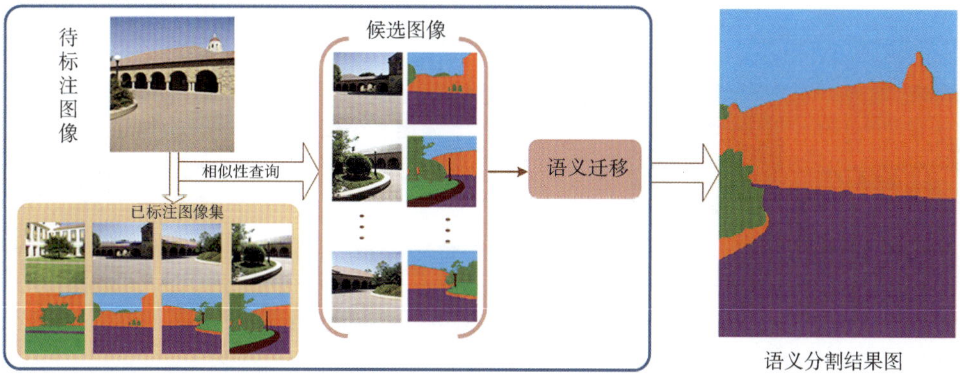

图 3.3　基于数据驱动的图像语义分割算法框架

经网络映射到“语义”空间，作为 RNN 模型的输入进行学习。Sharma 等[156]提出一种递归上下文传播网络（Recursive Context Propagation Network，RCPN），从局部特征开始递归至整幅图像实现场景的语义标注。Farabet 等[157,158]为利用物体之间的上下文信息，提出基于多尺度 CNN 的图像语义分割方法，利用多个尺度的金字塔图像作为 CNN 模型的输入。Kekec 等[159]、Eigen 等[160]利用不同层次的卷积网络对输入图像进行学习，由粗粒度的卷积网络获得粗糙的全局结构，在此基础上，加入细粒度的卷积网络以获得场景的局部信息。Liu 等[161]利用 CNN 学习得到的深度特征，建立 CRF 模型，并使用结构化支持向量机（Structured Support Vector Machine，SSVM）学习 CRF 模型参数，避免了人工显式地提取图像特征。Girshick 等[162]提出一种基于区域的 CNN 模型（Region-based CNN，RCNN），从图像中选用多个候选图像区域放入 CNN 中学习，能够较好地实现目标检测和图像语义分割任务。

相对于传统基于机器学习的图像语义分割方法，基于 CNN 的方法具有明显的优势，并且能够获得较为精确的结果。但是，基于 CNN 的图像语义分割方法需要考虑以下两个问题：①CNN 网络的输入：若直接将图像放入 CNN 模型中进行学习，输出的结果图将比原始图像分辨率小很多，难以实现像素级的图像语义分割，从而影响最终分割结果的精度。②上下文信息：图像中物体之间存在局部上下文关系以及物体与图像之间存在全局上下文关系，若能很好地运用物体的上下文信息，将有助于图像的语义分割。为综合考虑上述问题，本章提出一种不同的基于 CNN 的图像语义分割方法。

方法以超像素为基本处理单元，结合多尺度技术与深层次的 CNN 网络，将每一块超像素以多尺度的形式放入 CNN 模型中进行学习，得到每块超像素从底层到高层的图像特征，从而有效地实现图像的语义分割。方法的具体框架如图 3.4 所示，对于给定的图像，首先对图像进行超像素分割得到一系列独立的超像素块。对每一块超像素，以该超像素中心为中心提取多个不同大小的图像斑块作为多尺度 CNN 模型的输入，对每一块超像素对应的图像斑块采用多尺度 CNN 模型进行学习，融合多个尺度的结果得到该块超像素属于每类语义类别的概率分布，获取其对应的语义类别标签，将所有超像素块输出合并得到最终的语义分割结果。

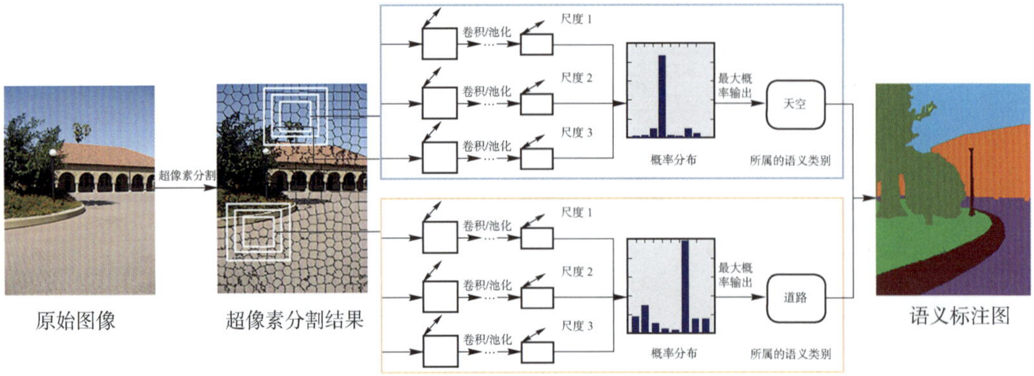

图 3.4　方法的主要框架

3.2　图像的超像素分割

相比于像素，超像素能够提供较丰富的图像特征，并且能够降低后续图像操作的复杂度。超像素是由图像中一组颜色、纹理、亮度等特征近似一致的邻近像素点组成的区域块。超像素能够在保留进一步图像操作所需的有效信息的同时不破坏图像中物体的边界信息，并且具有很好的鲁棒性。它们通过图像的冗余信息来大幅度降低后续图像处理的复杂度，提供了一种计算局部特征的便捷方式，已经证明在深度预测、图像分割、目标定位等应用中十分有效。目前广泛使用的超像素分割方法主要可以分为基于图论的超像素分割[163,164]和基于梯度上升的超像素分割方法[165]。所有方法都有自己的优缺点和适用范围。为了得到有效的超像素，文中选用运算速度快并且能够生成高质量的基于简单线性迭代聚类（Simple Linear Iterative Clustering，SLIC）的超像素分割方法。SLIC 是 Achanta 等人[166]在 2010 年提出的一种思想简单、方便实现的超像素分割算法。它将原始图像中的像素转换为由 CIELAB 颜色空间中的 l，a，b 数值以及 xy 像素坐标组成的 5 维像素，利用像素的颜色相似度和临近度对像素进行局部聚类，不仅生成速度快而且能够生成紧凑的、近似均匀的超像素。

为使得 5 维空间中的像素能够聚类，SLIC 引入一种新的距离测量方法。通过这种距离测量方法，能够将颜色相似性和像素点位置进行融合以便度量像素点之间的距离。

对于一张具有 N 个像素点的图像，在 5 维空间中的像素点可描述为 $[l,a,b,x,y]$，其中 $[l,a,b]$ 为像素点在 CIELAB 颜色空间中的颜色向量，$[x,y]$ 为像素点的位置。假设初始输入的超像素块数为 K，此时每块超像素的大小约为 N/K 个像素，则每两个相邻的超像素块之间的距离为 $S=\sqrt{N/K}$。假设算法开始时选择的每个超像素块的初始聚类中心为 $C_k=[l_k,a_k,b_k,x_k,y_k]^{\mathrm{T}},k=\{1,2,\cdots,K\}$。由于每块超像素的空间范围为 S^2（近似于超像素块的面积），因此可以合理地假设，像素点在以聚类中心为中心的 $2S\times 2S$ 范围内（聚类中心是该像素点所在簇的聚类中心）。因此在聚类过程中，可在每个聚类中心的 $2S\times 2S$ 区域内搜寻相似像素点，而不用在整个图像内搜索，以提高超像素分割算法的运算效率。与欧式距离不同，在 5 维空间中的相似性度量函数如下：

$$
\begin{aligned}
&d_{lab}=\sqrt{(l_k-l_i)^2+(a_k-a_i)^2+(b_k-b_i)^2} \\
&d_{lxy}=\sqrt{(x_k-x_i)^2+(y_k-y_i)^2} \\
&D_i=d_{lab}+\frac{m}{S}d_{xy}
\end{aligned}
\tag{3.1}
$$

式中：d_{lab}表示像素点 i 与第 k 个聚类中心点 C_k 之间的颜色差异，d_{xy}为像素点之间的空间距离；m 为平衡系数，表示像素点之间的颜色相似性与空间相似性的相对重要性，D_i 就是像素点 i 与聚类中心点之间的相似度。

对于一张具有 N 个像素点的图像，超像素分割的具体步骤为：

1）初始化聚类中心：将影响分割成 K 个大小均匀的矩形区域，且每个矩形区域的中心点设置为超像素的聚类中心 $C_k=[l_k,\ a_k,\ b_k,\ x_k,\ y_k]^{\mathrm{T}}$，$k=\{1,\ 2,\ \cdots,\ K\}$。此时，每块超像素的面积大约为 N/K，则两个相邻超像素块之间的距离为 $S=\sqrt{N/K}$；

2）聚类中心的移动：为避免聚类中心落在图像边缘，生成无用超像素，将聚类中心 C_k 移动到 $n\times n$ 邻域内（如 $n=3$）像素中梯度值最小的位置；

3）相似性度量：对于每一个聚类中心，以其为中心的 2S×2S 窗口作为搜寻范围，计算窗口内每个像素点与最近的超像素聚类中心的距离［计算如式（3.1）所示］，判断每个像素点所属的超像素标签；

4）迭代聚类：计算当前聚类中心与之前的聚类中心的距离，若小于阈值，则运算结束，否则重建返回步骤 2），直至满足条件。

如图 3.5 所示为基于 SLIC 方法得到的图像的超像素分割结果。

图 3.5　超像素分割示例

3.3　面向图像语义分割的多尺度 CNN 模型

给定一幅图像 I，最终的目标是为了获得一幅与图像对应的语义标注图 y，并且使其接近于真实的语义标注图 y^*。为此，采用如图 3.6 所示的多尺度 CNN 网络模型对图像中的每一块超像素进行学习，实现对所有超像素块语义类别的预测。

3.3.1　模型结构

对于每一块超像素，首先以超像素中心为中心从图像中提取不同大小的图像斑块，并将它们的图像尺寸调整为224×224像素，形成多尺度的图像斑块（在本书中使用3个尺度大小的图像斑块），作为CNN网络的输入。

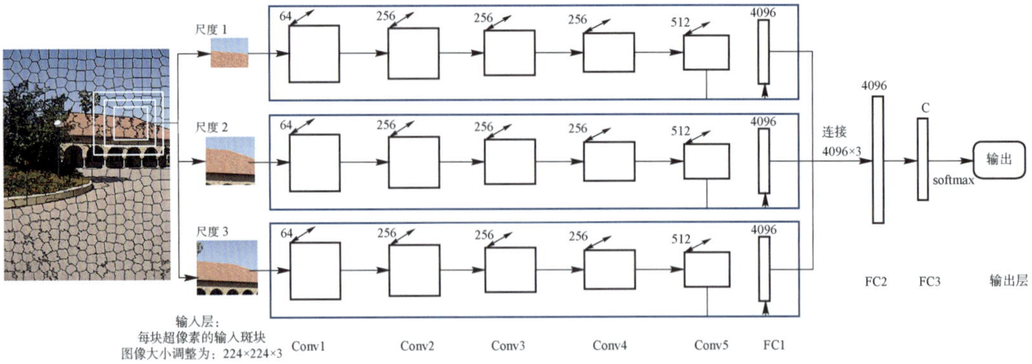

图3.6　面向图像语义分割的多尺度CNN模型结构

整个网络的结构如图3.6所示，首先将每个尺度的输入斑块分别采用5个卷积层（Conv1，Conv2，Conv3，Conv4，Conv5）和1个全连接层FC1进行学习，得到每个尺度在全连接层FC1中的输出，然后将所有尺度的FC1层的输出进行串联，并作为全连接层FC2的输入，全连接层FC3的输出为1×C的特征向量（C为语义类别标签的总数）。最后一层采用Softmax函数得到最终的输出，最终的输出是输入数据在每种语义类别中出现的概率。在学习中，所有尺度的5个卷积层和全连接层FC1共享权值参数，整个网络的结构共包含5个卷积层，3个全连接层和1个Softmax层。这里，将卷积到下一个卷积之前的操作层合并为一个大层，统称为卷积层。

卷积层中的第1、第2和第5层（即Conv1，Conv2和Conv5）在卷积操作后进一步采用最大池化法（Max-pooling）进行池化。所有的卷积层以及前两层全连接层都采用了修正线性单元ReLU函数（Rectified Linear Units，ReLU）进行激活。整个网络所有层的具体操作信息见表3.1。

表3.1　CNN的网络结构

结构	输入	操作				输出
		卷积	全连接	非线性映射	池化	
Conv1	224×224×3	64×11×11×3卷积 4步长		ReLU	2×2池化	27×27×64
Conv2	27×27×64	256×5×5×64卷积 1步长		ReLU	2×2池化	13×13×256
Conv3	13×13×256	256×3×3×256卷积 1步长		ReLU		13×13×256
Conv4	13×13×256	256×3×3×256卷积 1步长		ReLU		13×13×256
Conv5	13×13×256	512×3×3×256卷积 1步长		ReLU	2×2池化	6×6×512

续表

结构	输入	操作				输出
		卷积	全连接	非线性映射	池化	
FC1	6×6×512		4096	ReLU		4096
FC2	4096 * 3		4096	ReLU		4096
FC3	4096		C			C
Softmax	C					C

输入层：图像中每块超像素的三个尺度的图像斑块，斑块尺寸大小均缩放为 224×224×3 像素。

Conv1：首先利用 64 个 11×11×3 的卷积核对输入斑块进行卷积，滑动步长为 4 个像素（滑动步长表示一个卷积核中相邻神经元感受野中心点之间的距离），得到 55×55×64 的特征图（特征图以 $H \times W \times D$ 的形式进行表示，H、W 分别表示特征图的高和宽度，D 表示特征图的个数）。将得到的输出利用 ReLU 函数进行非线性映射，输出得到 55×55×64 的特征图。最后采用 2×2 的窗口进行池化，得到的输出为 27×27×64 的特征图。

Conv2：采用 256 个 5×5×64 的卷积核对上一层 Conv1 的输出特征图进行卷积，滑动步长为 1 个像素，得到 27×27×256 的特征图。将得到的输出利用 ReLU 函数进行非线性映射，输出得到 27×27×256 的特征图。最后采用 2×2 的窗口进行池化，得到的输出为 13×13×256 的特征图。

Conv3：采用 256 个 3×3×256 的卷积核对上一层 Conv2 的输出特征图进行卷积，滑动步长为 1 个像素，得到 13×13×256 的特征图。将得到的输出利用 ReLU 函数进行非线性映射，输出得到 13×13×256 的特征图。

Conv4：首先利用 256 个 3×3×256 的卷积核对上一层 Conv3 的输出特征图进行卷积，滑动步长为 1 个像素，得到 13×13×256 的特征图。将得到的输出利用 ReLU 函数进行非线性映射，输出得到 13×13×256 的特征图。

Conv5：首先利用 512 个 3×3×256 的卷积核对上一层 Conv4 的输出特征图进行卷积，滑动步长为 1 个像素，得到 13×13×512 的特征图。将得到的输出利用 ReLU 函数进行非线性映射，输出得到 13×13×512 的特征图。最后采用 2×2 的窗口进行池化，得到的输出为 6×6×512 的特征图。

FC1：将上一层 Conv5 的输出特征图作为输入，采用 4096 个神经单元与每个输入神经元进行全连接（可以看作为采用 4096 个 6×6×512 卷积核对上一层 Conv5 进行卷积操作），并采用 ReLu 函数进行非线性映射，得到 4096 个输出，可看作为 1×4096 的特征向量。

FC2：将三个尺度中全连接层 FC1 的输出进行串联，得到 4096×3 = 12288 个全连接作为输入，采用 4096 个神经单元对全连接层 FC1 进行全连接，并采用 ReLU 函数进行非线性映射，得到 4096 个输出。

FC3：采用 C 个神经单元（其中 C 为场景中包含的语义类别的数目）对全连接层 FC2 的输出进行全连接，得到 C 个输出。

Softmax：将全连接层 FC3 得到的输出作为输入，采用 Softmax 函数得到 C 个输出结果，该输出结果是 FC3 的输入特征向量属于 C 中每种语义类别的概率。

输出：C 个输出，即输入超像素的概率分布。

给定一幅图像 I，构造图像中第 k 块超像素的多尺度图像斑块，表示为 X_s，$\forall_s \in \{1,2,3\}$，$(W,b)=(W^1,b^1,W^2,b^2,\cdots,W^n,b^n)$ 表示整个网络的学习参数（所有层的权值和偏置），其中 $W_{ij}{}^l$ 表示第 l 层中第 j 个神经元与第 $l-1$ 层中第 i 个神经元的连接权值，b_j^l 表示第 l 层中第 j 个神经元的偏置量，则所有尺度 FC1 层的输出特征图可以表示为：

$$f_s(X_s;W,b)=\text{ReLU}\left(W^{L_1-1}H^{L_1-1}+b^{L_1}\right) \tag{3.2}$$

式中：$L_1=6$，表示全连接层 FC1。

H^l 为第 $l\in\{1,\cdots,L_1\}$ 个隐层的输出特征图，其中 $H^0=X_s$ 为网络的输入。由表 3.1 可知 5 个卷积层 Conv1，Conv2，Conv3，Conv4 和 Conv5 可以描述为线性滤波、ReLU 非线性映射和池化的组合或者是线性滤波、ReLU 非线性映射的组合，因此，5 个卷积层的输出可以表达为：

$$H^l=\text{pool}\left(\text{ReLU}\left(W^lH^{l-1}+b^l\right)\right) \tag{3.3}$$

或者

$$H^l=\text{ReLU}\left(W^lH^{l-1}+b^l\right) \tag{3.4}$$

全连接层 FC2 的输入是所有三个尺度 FC1 层的输出的串联，即全连接层 FC2 的输入为：

$$\text{FC2}=[f_1,f_2,f_3] \tag{3.5}$$

经全连接层 FC2 和 FC3 变换后得到最终的输出特征图为：

$$F=W^L(\text{ReLU}(W^{L-1}\text{FC2}+b^{L-1}))+b^L \tag{3.6}$$

式中：$L=8$，表示网络的全连接层 FC3。

3.3.2 Softmax 函数

该多尺度 CNN 模型最后采用 Softmax 函数求取输入超像素的类别概率，可以称为是 Softmax 回归过程。Softmax 回归是 Logistic 回归（解决二分类问题）在多分类问题上的推广，类别标签 y 可以为 $k(k>2)$ 个不同的值。Softmax 回归将所有的类别线性预测值转化为类别概率。

在上述面向图像语义分割的 CNN 网络中，Softmax 回归将全连接层 FC3 得到的输出特征向量转化为输入数据的类别概率。假设 $y\in\{1,2,\cdots,C\}$ 为样本数据的真实的语义类别标签，其中 C 为场景的语义类别总数。若 CNN 模型的输入斑块 k 的全连接层 FC3 的输出特征向量为 F_k，则 Softmax 回归就是要估计输入数据 F_k 在 C 中每个类别中出现的概率，其中 F_k 被分类为类别 $a\in\{1,\cdots,C\}$ 的概率的计算公式为：

$$p(y_k = a \mid F_k) = \frac{e^{F_k^{(a)}}}{\sum_{j=1}^{C} e^{F_k^{(j)}}} \tag{3.7}$$

式中：$\frac{1}{\sum_{j=1}^{C} e^{F_k^{(j)}}}$ 项是对所有的概率分布值进行归一化，保证所有的概率总和为 1。

3.3.3 损失函数（Loss Function）

该模型的损失函数采用 log-likelihood 函数（对数似然函数），并且通过负对数，将输出的概率值从最大化概率变成最小化能量。其公式形式如下：

$$J = -\frac{1}{m}\left[\sum_{k=1}^{m}\sum_{j=1}^{C} 1\{y_k = j\} \ \ln p(y^{(k)} = j \mid F_k)\right]$$

即

$$J = -\frac{1}{m}\left[\sum_{k=1}^{m}\sum_{j=1}^{C} 1\{y^{(k)} = j\} \ \ln \frac{e^{F_k^{(j)}}}{\sum_{l=1}^{C} e^{F_k^{(j)}}}\right] \tag{3.8}$$

式中：m 为模型的输入的样本总数。$1\{\cdot\}$ 表示示性函数，其取值规则为：若表达式的取值为真，则示性函数值为 1，即 1{值为真的表达式} = 1，相反，若表达式取值为假，则函数值为 0，即 1{值为假的表达式} = 0。若加入参数的正则项，则

$$J = -\frac{1}{m}\left[\sum_{k=1}^{m}\sum_{j=1}^{C} 1\{y^{(i)} = j\} \ \ln \frac{e^{F_k^{(j)}}}{\sum_{l=1}^{C} e^{F_k^{(l)}}}\right] + \frac{\lambda}{2}\left\| W \right\|_2^2 \tag{3.9}$$

式中：λ 称为权重衰减参数；$\frac{\lambda}{2}\| W \|^2 (\lambda > 0)$ 为正则项或者称为权重衰减项，可以惩罚过大的参数值，并且是使代价函数 J 变为凸函数，保证解的唯一性。

3.4 模型学习与推断

3.4.1 模型学习

整个图像语义分割方法的流程如图 3.7 所示。在构建了 CNN 模型之后，接下来就需要通过样本训练集对模型的参数 $(W, b) = (W^1, b^1, W^2, b^2, \cdots, W^n, b^n)$ 进行学习。根据第 2 章所述，CNN 网络模型的学习主要包括前向传播和误差反向传播两个阶段。前向逐层得到 CNN 中的每一层的特征图，最后利用损失函数计算实际输出值与理想输出值之间存在的误差，然后反向逐层计算参数的梯度，采用随机梯度下降法（Stochastic Gradient Descent，SGD）逐层更新模型的参数，使损失函数式（3.9）达到最小。中间各层的梯度计算公式可参见第 2 章。

该损失函数式（3.9）关于参数（W^L，b^L）的梯度计算公式的具体规则如下。参数（W^L，b^L）是连接输出层与上一层（全连接层 FC3）的权值和偏置，包括表示输出层中第 j 个输出与上一层神经元的连接权值 W_j^L，以及输出层中第 j 个输出的偏置 b_j^L。

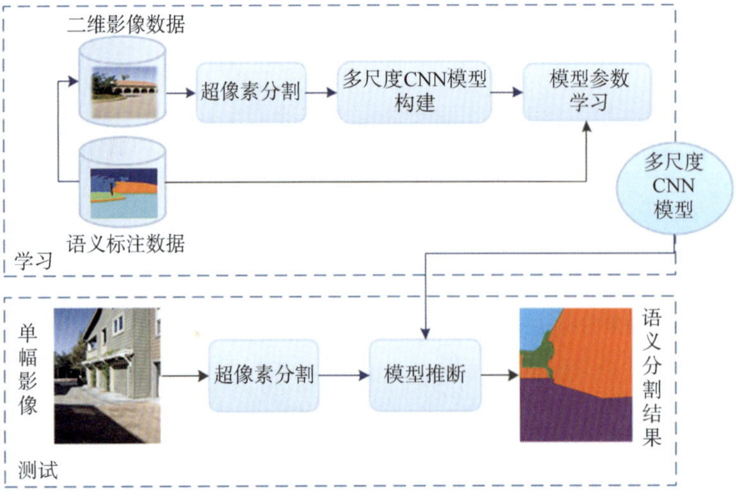

图 3.7　基于多尺度 CNN 的图像语义分割方法流程

根据式（3.9）的构成，可以得到输出层中第 j 个输出与上一层的第 k 个神经元的连接权值 W_{kj}^L 关于该损失函数式（3.9）的导数计算公式：

$$
\begin{aligned}
\frac{\partial J}{\partial W_{kj}^L} &= 1\{y^{(k)}=j\}\frac{\partial F_k^{(j)}}{\partial W_{kj}^L} - 1\{y^{(k)}=j\}\frac{\mathrm{e}^{F_l^{(j)}}}{\sum_{l=1}^{C}\mathrm{e}^{F_l^{(j)}}}\frac{\partial F_l^{(j)}}{\partial W_{kj}^L} + \lambda W_{kj}^L \\
&= 1\{y^{(k)}=j\}\frac{\partial F_k^{(j)}}{\partial W_{kj}^L} - \frac{\mathrm{e}^{F_k^{(j)}}}{\sum_{l=1}^{C}\mathrm{e}^{F_l^{(j)}}}\frac{\partial F_k^{(j)}}{\partial W_{kj}^L} + \lambda W_{kj}^L \\
&= \frac{\partial F_k^{(j)}}{\partial W_{kj}^L}\left(1\{y^{(k)}=j\} - \frac{\mathrm{e}^{F_k^{(j)}}}{\sum_{l=1}^{C}\mathrm{e}^{F_l^{(j)}}}\right) + \lambda W_{kj}^L
\end{aligned}
\tag{3.10}
$$

由此可以得到权值 W_j^L 关于该损失函数的导数：

$$
\frac{\partial J}{\partial W_j^L} = -\frac{1}{m}\sum_{k=1}^{m}\left[\frac{\partial F_k^{(j)}}{\partial W_{kj}^L}\left(1\{y_k=j\} - \frac{\mathrm{e}^{F_k^{(j)}}}{\sum_{l=1}^{C}\mathrm{e}^{F_k^{(j)}}}\right)\right] + \lambda W_j^L \tag{3.11}
$$

类似地，可以得到偏置 b_j^L 关于该损失函数的导数：

$$
\frac{\partial J}{\partial b_j^L} = -\frac{1}{m}\sum_{k=1}^{m}\left[\frac{\partial F_k^{(j)}}{\partial b_j^L}\left(1\{y_k=j\} - \frac{\mathrm{e}^{F_k^{(j)}}}{\sum_{l=1}^{C}\mathrm{e}^{F_k^{(j)}}}\right)\right] \tag{3.12}
$$

3.4.2　模型推断

一旦学习得到模型的参数（W，b），就可以获得任意一块超像素属于每种语义类别的概率，因此，进一步利用 argmax 能够预测该块超像素所属的语义类别。具体地，对于每一块超像素 k，通过该 CNN 模型获得相应的特征向量 F_k，并且通过 Softmax 函数可以获得超像素块 k 隶属于语义类别 a 的概率 $\hat{c}_{k,a}$。

$$\hat{c}_{k,a}=\frac{e^{\psi_a^T F_k}}{\sum_{j=1}^{C} e^{F_k}} \tag{3.13}$$

则该块超像素 k 的语义类别 l_k 可以由下式进行预测。

$$l_k=\underset{a\in C}{\operatorname{argmax}}\hat{c}_{k,a},\ a=1,2,\cdots,C \tag{3.14}$$

3.5 实验设计与结果

3.5.1 实验数据

为验证书中所提方法的有效性和可靠性，在论文中所有的实验均采用斯坦福大学官方网站提供的公开可用的数据集——Make3D 数据集进行学习与测试❶。Make3D 数据集是由 Saxena 等[29]采用三维激光扫描仪（SICK LMS-291）收集获得的。该数据集共包含 534 幅 2272×1704（高×宽）pixels 大小的图像以及与之对应的 305×55 大小的深度图，其中 400 幅用于学习，134 幅用于测试。所收集的图像包括自然场景（如树木等）、结构化场景（如建筑物、道路）等多种场景结构。该数据集中图像的语义标注由 Liu 等[86]提供。Liu 等[86]学者为 Make3D 数据集提供了语义标注图，并且所有的图像以及对应的深度图和语义标注图的大小均为 320×240 像素。场景中共包含天空（sky）、树木（tree/bush）、道路（road/path）、草地（grass）、水（water）、建筑物（building）、山（mountain）和前景物（foreground object）8 类语义类别的物体。

3.5.2 实验设计

对于所提的图像语义分割模型，使用 Make3D 数据集中 400 幅图像及其对应的语义标注图进行学习，134 幅图像进行测试，所用的测试图像如图 3.8 所示。首先采用基于 SLIC 的超像素分割算法获取图像的超像素块，以超像素的中心为中心分别提取 55×55，101×101，201×201 像素三个尺度的图像斑块，并将大小均调整为 224×224×3 像素，以此作为 CNN 模型的输入。所提的图像语义分割模型采用随机梯度下降算法 SGD 解决损失函数式（3.9）的最优化问题。在实验中，每一次学习的样本数（Batch Size）设置为 100，冲量（在 BP 算法中，引入冲量项的目的是为了避免网络在训练时陷入较浅的局部极小点）为 0.9，权重衰减参数为 0.0005，学习率的初始值设置为 0.001，每学习 10 次将学习率乘以 0.1。网络的参数（权重 w 和偏置 b）的具体更新规则如下：

$$\begin{cases} v_{i+1}^{w}=0.9v_i^{w}-0.0005\ \eta\cdot w_i-\eta\cdot\left\langle\dfrac{\partial L}{\partial w}|w_i|\right\rangle_{D_i} \\ v_{i+1}^{b}=0.9v_i^{b}-0.0005\ \eta\cdot b_i-\eta\cdot\left\langle\dfrac{\partial L}{\partial b}\middle| b_i\right\rangle_{D_i} \\ w_{i+1}=w_i+v_{i+1}^{w} \\ b_{i+1}=b_i+v_{i+1}^{b} \end{cases} \tag{3.15}$$

❶ http://ai.stanford.edu/~asaxena/learningdepth/

式中：i 表示第 i 次训练；v 为冲量的变化；η 是学习率；$\left\langle \frac{\partial L}{\partial w} \middle| w_i \right\rangle_{D_i}$ 表示第 i 次学习中权值 w 相对于第 L 层目标函数的偏导数在 $w_{i+1}=w_i$ 的平均值，其中 D_i 是当前处理的样本。

所有尺度的 5 个卷积层和全连接层 FC1 层的参数（权值和偏置值）采用 Chatfield 等[167]训练的 CNN-F 模型的参数作为初始值。全连接层 FC2 和 FC3 层使用标准差为 0.01 的随机数作为其参数的初始值。

图 3.8　测试图像集

3.5.3 算法评价标准

为定量评价图像语义分割结果的精度，采用每个像素平均精度（Per Pixel Accuracy，PPA），平均类精度（Mean Class Accuracy，MCA）以及平均交并比（Mean Intersection Over Union，MIOU）作为评价标准。假设图像数据集中共有 n_C 个语义类别的物体，n_{ij}表示真实语义类别为 i 中被预测为语义类别 j 的像素数，用 $t_i = \sum_j n_{ij}$ 表示类别 i 的像素总数（正确预测的像素数与误预测为其他语义类别的像素数的总和）。则有：

1）每个像素平均精度（PPA）：$\frac{\sum_i n_{ii}}{\sum_i t_i}$；

2）平均类精度（MCA）：$\frac{1}{n_C}\sum_i \frac{n_{ii}}{t_i}$；

3）平均交并比（MIOU）：$\frac{1}{n_C}\sum_i \frac{n_{ii}}{t_i + \sum_j n_{ji} - n_{ii}}$。

3.5.4 实验结果

图像中的超像素通过所提的 CNN 模型学习得到的部分卷积特征图如图 3.9 所示。

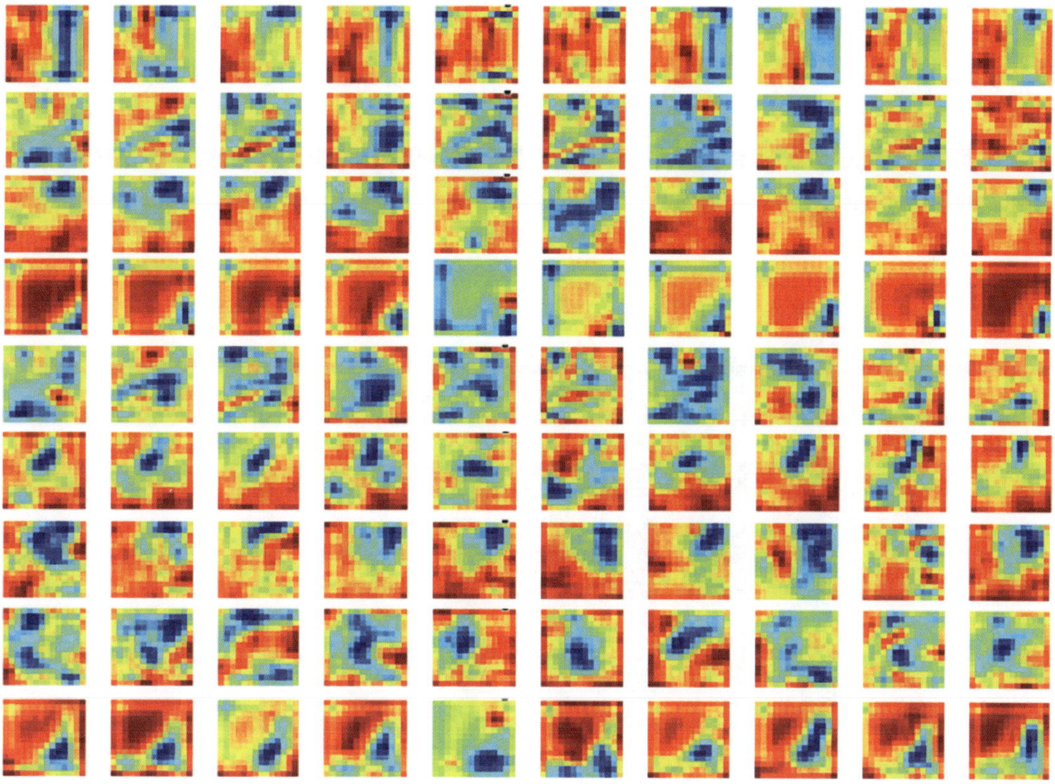

图 3.9　部分卷积特征图示例

在实验中，采用 Tighe 等[150]和 Eigen 等[160]提出的图像语义分割方法与文中基于多尺度 CNN 的图像语义分割方法进行比较。Tighe 等[150]提出的方法是图像语义分割中一种简单有效的方法，主要通过非参数的方法对图像进行解析，实现对图像中不同的区域进行语义标注。Tighe 等[150]的方法的基本框架为：①对于一幅待标注的图像首先根据图像的 Gist 描述子等全局特征计算该图像与已标注的训练图像集的相似性，寻找与待标注图像最相似的一些图像；②将待标注图像进行超像素分割，获取该图像的若干超像素块；③利用朴素贝叶斯估计（Naïve Bayes Assumption），根据提取的超像素特征（形状、位置、纹理、颜色）计算每块超像素在相似图像集中各类语义类别中的似然概率；④根据超像素在相似图像集中的最近邻匹配，并结合 MRF，完成图像的语义标注。Eigen 等[160]的方法是基于 CNN 模型实现图像的语义分割，他们分别采用粗尺度和细尺度的 CNN 网络获取图像的全局结构和局部信息。首先以原始图像作为输入，利用粗尺度的 CNN 网络得到关于图像的粗糙的全局结构，在此基础上，采用细尺度的 CNN 网络，并将粗尺度 CNN 网络的输出特征图附加到细尺度网络中进行学习，获取图像更为精细的局部信息，实现图像的语义分割。利用 Tighe 等[150]、Eigen 等[160]以及所提方法得到的图像语义分割结果的精度 PPA，MCA 和 MIOU 的比较如表 3.2 所示。

表 3.2　三种算法的图像语义分割结果对比　　单位:%

方法	PPA	MCA	MIOU
Tighe 等[150]	76.83	53.81	23.22
Eigen 等[160]	79.94	59.53	29.57
所用方法	84.52	76.60	37.15

各类物体（天空、树木、道路、草地、水、建筑物、山以及前景物）中每个像素的平均精度如图 3.10 所示。

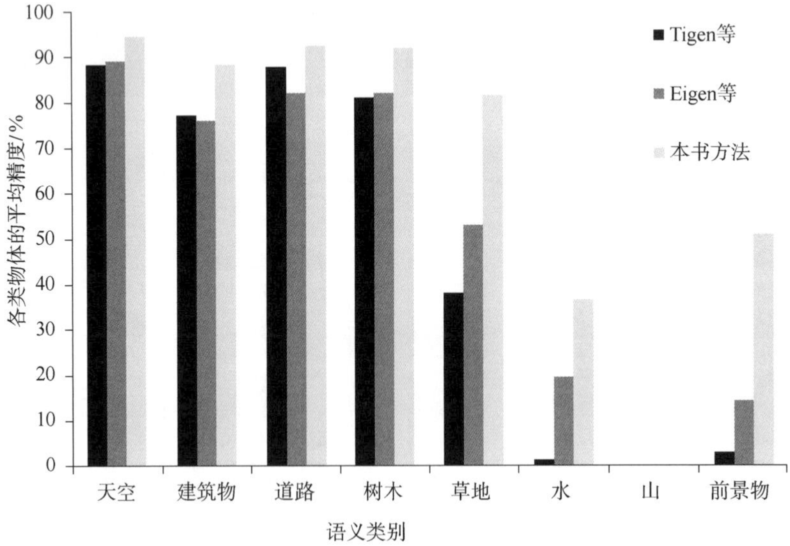

图 3.10　各类物体的平均精度

为考虑尺度对图像语义分割结果的影响，分别使用不同尺度的 CNN 模型对 Make3D 数据集进行学习和测试。不同尺度下的 CNN 模型的图像语义分割精度如表 3.3 所示。模型 scale 1 表示仅采用一个 55×55 像素尺度的图像斑块作为网络的输入，模型 scale 2 表示仅采用一个 101×101 像素尺度的图像斑块作为网络的输入，模型 scale 3 表示仅采用一个 201×201 像素尺度的图像斑块作为网络的输入，模型 scale 1+2 表示采用 55×55 像素和 101×101 像素两个尺度的图像斑块作为网络的输入，模型 scale 1+2+3 是作者所用模型，采用 55×55，101×101，201×201 像素三个尺度的图像斑块作为网络的输入。

表 3.3　不同尺度模型的图像语义分割结果　　单位：%

模型	PPA	MCA	MIOU
scale 1	76.19	55.08	24.01
scale 2	77.56	58.44	27.81
scale 3	79.73	63.20	30.64
scales 1+2	82.34	70.25	35.57
scales 1+2+3	84.52	76.60	37.15

部分测试图像的语义分割的定性结果如图 3.11 所示。分别为原始图像，Tighe 等[150]的方法，文中所提的基于多尺度 CNN 的图像语义分割方法的分割结果以及真实的语义标注图。更多的图像语义分割结果请参见附录 A。

3.6　分析与讨论

对以上的实验结果进行分析可以得到以下几点结论：

1）从表 3.2 和图 3.10 可以看出，相比于 Tighe 等[150]的方法和 Eigen 等[160]的方法，笔者所用方法的像素平均精度、平均类精度和平均 IOU 具有一定的提高，并且能够对各类物体进行有效分割，因此所用方法的图像语义分割结果的精度更高，能够获得更有效语义标注图。分析原因，主要有：

a）Tighe 等[150]的方法以超像素为处理单元，首先需要根据人工经验提取超像素特征对超像素进行描述。特征的选择和表达是影响分割结果精度的一个关键因素，Tighe 等[150]选择了形状、位置、颜色、纹理和外观五类特征对超像素进行描述，但是能够表示超像素的特征还有很多，如空间关系特征；颜色特征不仅有 RGB 颜色空间，还有 HSV 颜色空间。并且该方法对场景进行了强制约束，假设相似的场景具有相似的语义。因此，Tighe 等[150]的方法的图像语义分割精度要低于其他两种方法。

b）书中所提的方法和 Eigen 等[160]的方法都是基于 CNN 模型的，能够自动地学习与语义相关的有用特征对图像进行描述。与 Tighe 等[150]的方法相比，无须事先人工显式地对图像特征进行提取与表达，并且结合多尺度特性，获得图像的局部信息。但是 Eigen 等[160]的方法直接将原始图像作为输入，经过多层的卷积和池化，输出的结果图的分辨率远小于原始图像的分辨率，往往不足以表示整幅图像的语义信息，从而影响了分割结果的精度。

c）与 Eigen 等[160]的方法相比，作者所用方法采用以超像素为中心提取的不同尺度大小的图像块作为输入，输出的结果为该超像素中心的语义类别，最后将所有超像素的输出结果进行综合作为最终的输出分割结果图。因此，作者所用方法能够得到每块超像素的语义类别，相对于 Eigen 等[160]的方法，图像语义分割结果的精度更高。

2）图 3.10 中 Tigen 等[150]的方法和 Eigen 等[160]的方法对草地、水和前景物的标注效果明显不如其他物体，而作者所用方法能够对各类物体进行相对有效分割。所用方法中前景物、水和山的分割精度相对较低，主要是因为在训练图像集中这三类物体较少（测试图像中没有语义类别为山的物体），但是相对于其他两种方法，作者所用方法仍然能够获得较满意的结果。

3）表 3.3 展现了尺度对图像语义分割结果的有效性。从表 3.3 中可以得到，围绕超像素的图像斑块越大，能够得到的分割结果的精度越高，这主要是因为图像斑块的尺度越大，能够包含越多的上下文关系。相比于单个尺度，结合多个尺度的 CNN 模型能够包含更多的局部以及全局上下文特征，因此采用多个尺度的 CNN 模型能够获得较好的分割效果，并且利用三个尺度的 CNN 模型在图像语义分割中具有很好的表现。

4）从图 3.11 中图像语义分割的定性结果也可以看出，通过作者所用方法得到的语义分割结果图基本上能够正确的标注图像中各类物体。

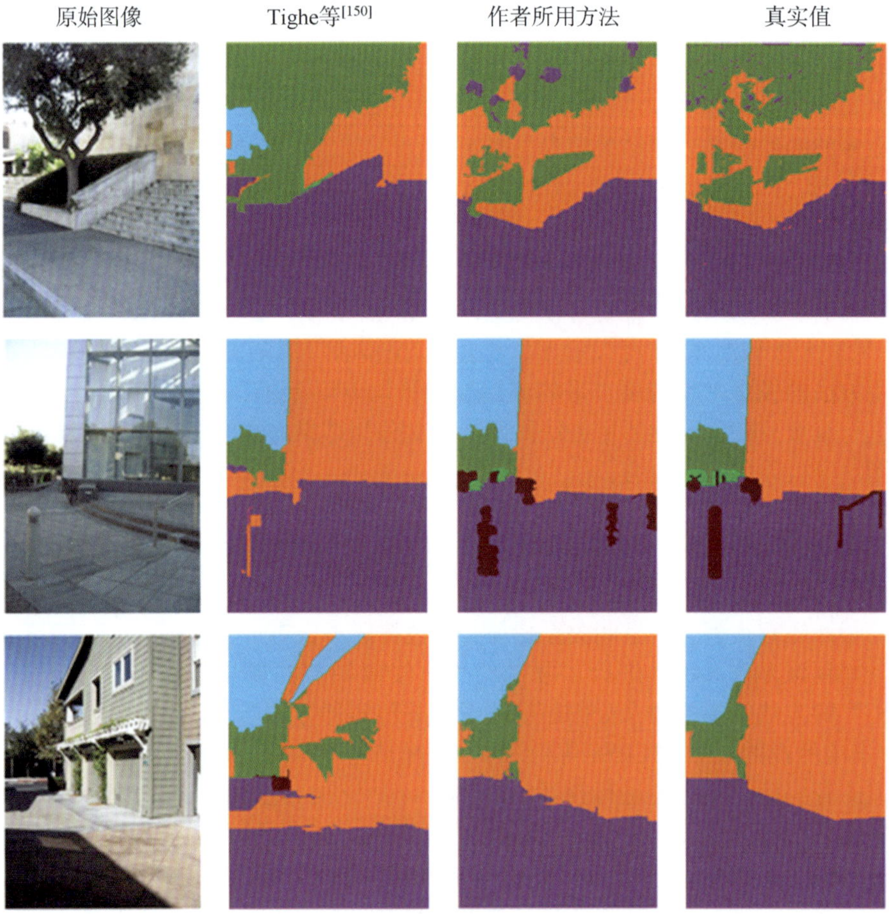

图 3.11　基于多尺度 CNN 的图像语义分割结果示例

图 3.11　基于多尺度 CNN 的图像语义分割结果示例（续）

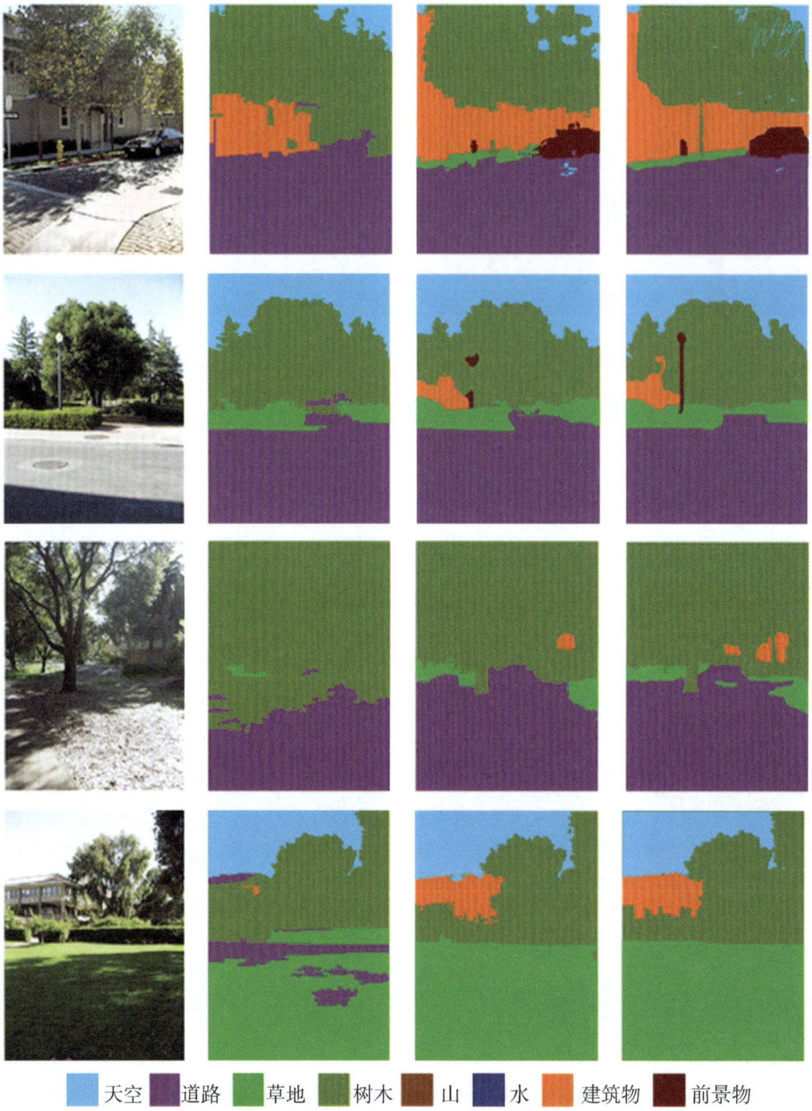

图 3.11　基于多尺度 CNN 的图像语义分割结果示例（续）

综合分析，作者以超像素为处理单元，基于多尺度 CNN 模型实现对图像的语义分割，综合考虑了 CNN 网络的输入和物体的上下文关系对图像语义分割结果的影响。实验结果表明，作者所用的多尺度 CNN 模型能够获得满意的图像语义分割结果，与 Tighe 等[150]的方法和 Eigen 等[160]的方法相比，作者所用方法获得的图像语义分割结果的精度更高。并且不同尺度的 CNN 模型的实验结果验证了尺度对图像语义分割结果的有效性，多尺度的 CNN 模型对图像语义分割具有更好的表现力。

3.7　小　　结

语义类别是一类非常有用的高层深度线索，有助于消除图像中不同物体之间的深度歧义，能够有效地指导场景的深度重建。为获得更精确的深度重建结果，本章对图像的语义分割方法进行了研究与分析。相对于传统的图像语义分割方法，基于 CNN 模型的方法能够自动地学习得到有用的图像特征，因此，本章将 CNN 模型引入到图像的语义分割中。为综合考虑 CNN 网络的输入和物体的上下文关系对语义分割结果的影响，本章以超像素为处理单元，设计了一种多尺度 CNN 模型实现图像的语义分割，并对所用方法进行了详细的研究以及实验验证和分析。实验结果表明：①所用方法结合超像素和多尺度的特性，综合考虑了 CNN 网络的输入和物体的上下文关系，能够获得比其他算法更有效的语义分割结果。②采用不同尺度的 CNN 模型，获得的上下文特征不同，进而得到的分割结果不同，图像斑块尺度越大，能够获取包含的上下文关系越多，分割结果的精度越高。融合多个不同尺度的 CNN 模型，能够获得更多的局部以及全局上下文关系，因此，采用多尺度的 CNN 模型可以获得更满意的图像语义分割结果。

第 4 章　语义约束下的深度模板构建与预测

场景的深度与语义类别信息有着很强的关联性，利用图像的语义类别信息可以区别不同的物体，能够消除具有相似外貌特征的不同物体之间的深度歧义性。但是对于同一物体的局部区域仍然缺乏足够的细节信息。为进一步消除深度歧义性，本章在语义类别信息的约束下，构建每类物体的深度模板，并采用 CNN 模型对深度模板进行预测，估计物体中局部区域的相对深度变化趋势。

本章首先结合场景的语义类别信息和深度信息，生成各类物体的深度模板，在此基础上设计一种 CNN 模型对深度模板进行预测，估计未知局部区域所属的深度模板，最后通过真实实验验证方法的有效性和可靠性，并给出了方法的实验结果及其分析。

4.1 引　　言

超像素是由图像中一组颜色、纹理、亮度等特征近似一致的邻近像素点组成的区域块，区域内的邻近像素点的深度值往往是不相等的。图 4.1 所示的是图像中 6 块超像素区域的归一化深度图（图中显示第一行的归一化深度图对应超像素 1~3，第二行为超像素4~6的归一化深度图），如图所示区域内像素的深度是存在变化的。物体之间的深度歧义，可以通过利用语义类别信息进行消除。但是由于物体中的局部区域缺乏足够的细节信息，仍然存在很大的深度歧义性，从而导致无法精确地恢复场景的结构和物体的边界信息。

图 4.1　局部区域的相对深度变化趋势

同一类物体中存在很多结构相似的局部区域，它们的相对深度变化趋势往往存在高度的相似性，如图 4.2 红色框中的超像素。这意味着，同一类物体的相对深度变化趋势，可以用有限个深度模板（反映了物体局部区域的相对深度变化趋势）进行表示。因此，本章提出了一种物体的深度模板构建与预测策略，结合物体的语义类别信息和一系列深度模板，预测每类物体局部区域的相对深度变化趋势，并在此基础上进一步获取其绝对深度，从而恢复局部区域的细节信息。

图 4.2　同一物体中相对深度变化趋势相似的局部区域

本方法结合图像的语义类别信息和深度信息，并且借助 CNN 自动学习的特点，构建每类物体的深度模板。为保证语义与深度值之间的一致性，本方法分别对每一种语义类别的物体构建对应的深度模板。主要流程如图 4.3 所示，主要包含深度模板的生成和深度模板的预测两个过程。首先收集所有图像中超像素块的深度图，并进行归一化处理，生成一系列表现超像素内相对深度变化趋势的归一化深度图。接着结合图像的语义类别信息，分别对每类物体（如建筑物）的归一化深度图进行聚类，将这些归一化深度图聚集为若干个类，获取每类物体的一组深度模板。在得到所有物体的深度模板之后，采用 CNN 模型并且结合图像的语义类别信息对超像素所属的深度模板进行预测，判断输入超像素块所属的深度模板类别，获取该块超像素的相对深度变化趋势。

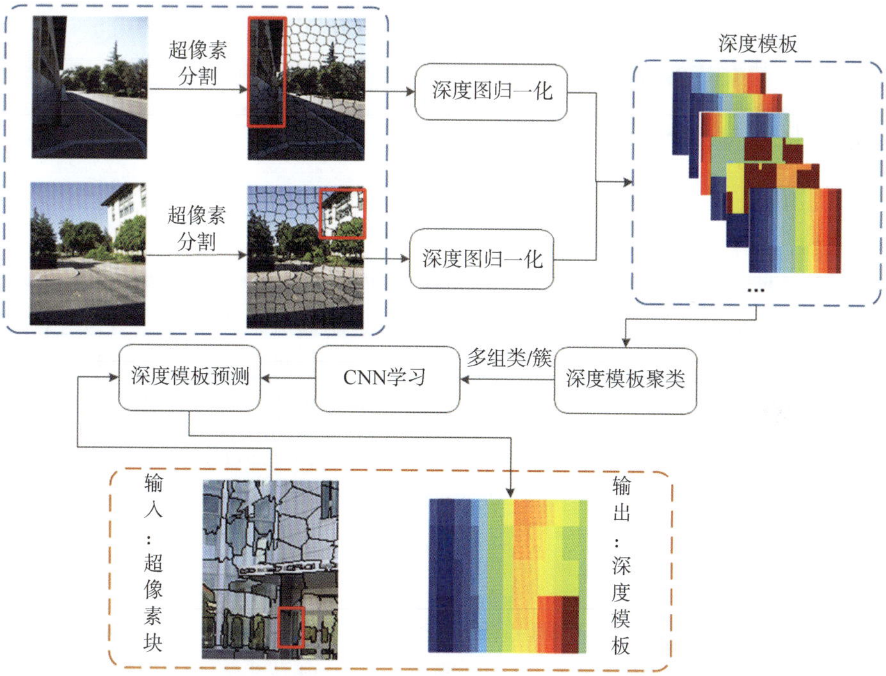

图 4.3　语义约束下的深度模板构建与预测方法流程

4.2 深度模板的生成

4.2.1 深度图的归一化

首先将图像中所有超像素的深度图归一化至［-1，1］范围内，获取每块超像素区域的相对深度变化趋势，得到所有超像素的归一化深度图。为后续深度计算方便，以超像素中心的深度值为中心进行归一化。对于一块超像素内任意一个像素的深度值 d_i，其归一化的深度值 d_n 的计算如下：

$$d_n=\frac{d_i-c}{d_{\max}-d_{\min}} \tag{4.1}$$

式中：c 表示该块超像素中心的深度值；$d_{\max}$，$d_{\min}$ 分别为该区域内的最大深度值和最小深度值。

根据式（4.1）可知，一块超像素的归一化深度值可以通过该区域的中心位置的深度值 c 和一个归一化尺度因子 $s(s=d_{\max}-d_{\min})$ 进行计算。因此若给定一局部区域的归一化深度图，区域中心位置的深度值 c 以及归一化尺度因子 s，则该区域内每个像素点的绝对深度值可由下式进行计算：

$$d_i=d_n\times s+c \tag{4.2}$$

因此，一个局部区域的绝对深度图可以利用该区域的归一化深度图和两个参数(c，s)进行表示。本章的目的就是获取给定局部区域的归一化深度图，而未知参数（c，s）将在第五章融入 CNN 与 CRF 模型中进行推断。

4.2.2 归一化深度图的聚类

聚类（Clustering）是将本身没有规律的数据集按照某种度量准则分组或聚集成若干个不同的类/簇，使得每类中的数据点具有高度的内在相似性，为进一步的数据分析如图像分割、图像识别等提供更有意义的信息。需要说明的是，聚类是将本身没有标记的样本聚集成不同的组，而分类的目的是找出描述并区分数据类或概念的模型，以便能够使用该模型对未知数据进行标记。聚类可以作为分类分析的预处理步骤。聚类分析是数据挖掘的一种重要手段，能够从大量的无规律数据中发现和揭示规律，众多国内外研究者对其进行了大量的研究，提出了许多不同的聚类算法。目前应用于图像数据的聚类算法主要有 K-means（K-均值）聚类[167]、模糊 C-均值聚类（Fuzzy C-means Algorithm，FCM）[169]、谱聚类算法[170,171]、近邻传播算法（Affinity Propagation，AP）[172]等以及各种聚类算法的结合与改进方法[173,174]。

AP 算法是 2007 年 Frey 和 Dueck[172]在 *Science* 提出的一种新的聚类算法，它不需要事先指定聚类数目的大小，具有快速、高效、聚类效果好等特点，并且能够很好地解决非欧空间问题（如不满足对称性或者不满足三角不等式）以及大规模稀疏矩阵计算问题等，在大规模数据的聚类上能够获得很好的效果。AP 算法已成功用于人脸识别、基因发现、搜索最优航线、码书设计以及实物图像识别等领域。

因此书中采用 AP 算法对同类物体的所有归一化深度图进行聚类，构建每类物体的一组深度模板，使其尽可能地代表该类物体中所有局部区域的相对深度变化趋势。

AP 算法的基本思想是将样本中的每个数据点看作图中的一个节点，通过图中各条边进行消息传递，找到样本中最优的类代表点（称之为 Exemplars，即聚类中心，每个聚类中心都是样本集中实际存在的点）。AP 算法在初始时将所有数据点作为候选的聚类中心，而不需要事先指定聚类的数目和选择初始聚类中心，能够避免初始值对聚类结果的影响。

AP 算法采用数据点之间的相似度矩阵 $\boldsymbol{S}$ 作为输入，作者采用曼哈顿距离度量数据点之间的相似性。假设样本数据集用 $X=\{x_1, x_2, \cdots, x_n\}$ 进行表示，其中 x_i 表示一个数据点，则任意两个数据点 i，j 的相似度 $s(i, j)$ 为两者的曼哈顿距离的负值。即

$$s(i, j)=-\| x_i-x_j \|_1$$

所有的 n 个数据点构造为一个 $n\times n$ 的相似度矩阵 $\boldsymbol{S}$，其中：$s(i,j)$ 表示数据点 i，j 之间的相似度。$s(i, j)$ 的数值越大，说明两个数据点之间越相似。

以相似度矩阵 $\boldsymbol{S}$ 中对角线的数值 $s(k, k)$ 作为数据点 k 的参考度（Preference）p，判断该点能否成为聚类中心。$s(k, k)$ 的值越大，点 k 竞争成为聚类中心的机会就越大。在聚类初始时，通常认为所有的数据点都有可能成为聚类中心，所有数据点的参考度选取相同的值。

聚类过程中，AP 算法共有两种信息在数据点之间进行传递。这两种信息分别是吸引度（Responsibility）r 和归属度（Availability）a，代表了不同的竞争目的，其示意图如图 4.4所示。吸引度 $r(i, k)$ 是从数据点 i 传送到候选聚类中心 k 的信息，描述数据点 k 作为数据点 i 聚类中心的适合程度。归属度 $a(i, k)$ 则是从候选聚类中心 k 传送到数据点 i 的信息，描述数据点 i 选择数据点 k 作为聚类中心的适合程度。两种信息 $r(i, k)$ 和 $a(i, k)$越强，表示数据点 k 作为聚类中心的概率越大，并且数据点 i 隶属于聚类中心 k 所代表的类别的概率也越大。$r(i, k)$ 和 $a(i, k)$ 的计算公式如（4.3）所示。

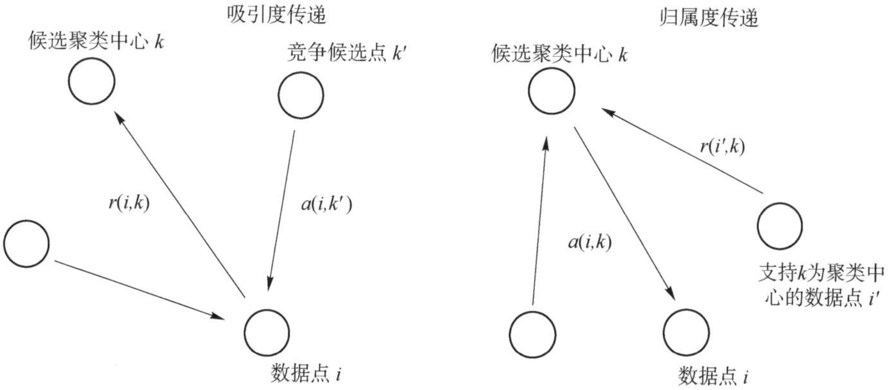

图 4.4　两种信息的传递

$$\begin{aligned} r(i,k) &= s(i,k)-\max_{k'\neq k}\{a(i,k')+s(i,k')\} \\ a(i,k) &= \min\Big\{0, r(k,k)+\sum_{i'\notin\{i,k\}}\max\{0,r(i',k)\}\Big\},\ i\neq k \\ a(k, k) &= \sum_{i'\neq k}(\max\{0, r(i', k)\}) \end{aligned} \tag{4.3}$$

当 $i=k$ 时，$r(k,\ k)$ 和 $a(k,\ k)$ 分别为数据点 k 的“自吸引度”和“自归属度”，$r(k,\ k)$和 $a(k,\ k)$ 越大，说明数据点 k 称为聚类中心的概率越大。AP 算法的主要步骤就是通过迭代不断更新每个数据点的两种信息，直至产生若干个高质量的聚类中心。其更新公式如下：

$$
\begin{aligned}
r_{t+1}(i,k) &= \lambda\left[s(i,k)-\max_{k'\neq k}\{a(i,k')+s(i,k')\}\right]+(1-\lambda)\ r_t(i,k)\\
a_{t+1}(i,k) &= \lambda\left[\min\{0,r(k,k)+\sum_{i'\notin\{i,k\}}\max\{0,r(i',k)\}\}\right]+(1-\lambda)\ a_t(i,k),\ i\neq k\\
a_{t+1}(k,\ k) &= \lambda\sum_{i'\neq k}\left[\max\{0,\ r(i',\ k)\}\right]+(1-\lambda)\ a_t(k,\ k)
\end{aligned}
\tag{4.4}
$$

式中：$\lambda\in[0,1)$为阻尼系数，主要是为了避免 AP 算法在迭代过程中产生震荡。

利用式（4.4）进行反复迭代，寻求所有满足$\underset{k}{\operatorname{argmax}}[r(i,k)+a(i,k)]$的数据点。

基于 AP 算法对归一化深度图进行聚类的步骤如下：

1）根据图像的语义类别信息，将所有的归一化深度图进行分组，获取每类物体局部区域的归一化深度图。

2）分别对每类物体的所有的 n 幅归一化深度图进行聚类。

a）提取该类物体中每幅归一化深度图中的深度值，作为特征向量；

b）根据特征向量构造深度图之间的相似度矩阵 $\boldsymbol{S}$，并将每幅深度图 i 的参考度 $S(i,i)$ 设置为相同的值；

c）初始化每幅图像的吸引度和归属度为 0，最大迭代次数设置为 1000；

d）根据式（4.3）计算每幅图像 i 的吸引度 $r(i,k)$ 和归属度 $a(i,k)$，其中 $k=1,2,\cdots,n$；

e）根据式（4.4）更新每幅图像的 $r(i,k)$ 和 $a(i,k)$；

f）判断是否满足迭代终止条件（聚类结果不再变化或者超过了最大迭代次数），若是，则转至步骤 g），若否，则转至步骤 d）；

g）对于每幅深度图 i，计算 $e(i,i)=r(i,i)+a(i,i)$，若 $e(i,i)>0$，则图像 i 为一个类的聚类中心；

3）输出得到每类物体的一组深度模板。

4.3 深度模板的预测

对归一化深度图进行聚类后，得到了每类物体的一组深度模板，每个深度模板代表物体中一类具有高度相似的相对深度变化趋势的局部区域。接下来需要的就是估计未知超像素块的归一化深度图，也就是对未知超像素块的所属的深度模板类别进行预测，这个过程属于一个分类过程。借助 CNN 模型的优势并结合图像的语义类别信息，作者设计了一种 CNN 模型实现深度模板的预测。

4.3.1 面向深度模板预测的 CNN 模型结构

对于一块给定的超像素 k 和一组深度模板，可以通过超像素 k 的归一化深度图，判断它与任意一块深度模板 t_i 的亲和度 $a(k,t_i)$。

$$a(k,t_i)=1\{l_k=l_{t_i}\}\ S(k,t_i)/\max_j S(k,t_j)$$
$$S(k,t_i)=\mathrm{e}^{-\|d_k-d_{t_i}\|_1} \tag{4.5}$$

式中：d_k、d_{t_i}表示超像素块 k 和深度模板 t_i 的归一化深度图；l_k，l_{t_i}为 k 和 t_i 所属的语义类别；示性函数 $1\{l_k=l_{t_i}\}$判断两者所属的语义类别信息是否相同。若两者语义类别不同，则超像素 k 与深度模板 t_i 的亲和度为 0，若相同，则利用它们的归一化深度图的相似性进行度量。

因此，在训练过程中，将输入超像素块对所有深度模板的亲和度作为 CNN 网络的理想输出值。

为训练得到输入超像素对深度模板的亲和度，设计的 CNN 网络结构如图 4.5 所示。首先计算超像素块的最小包围盒（Bounding Box），并将其大小调整为 224×224×3 像素，以此作为 CNN 网络的输入。输入数据通过 5 个卷积层 Conv1，Conv2，Conv3，Conv4，Conv5 和 3 个全连接层 FC1，FC2，FC3 阶段，得到 $1\times C$ 的特征向量（其中 C 为深度模板的总数），最后采用 Sigmoid 函数作为输出层，得到输入数据与每类深度模板的亲和度。

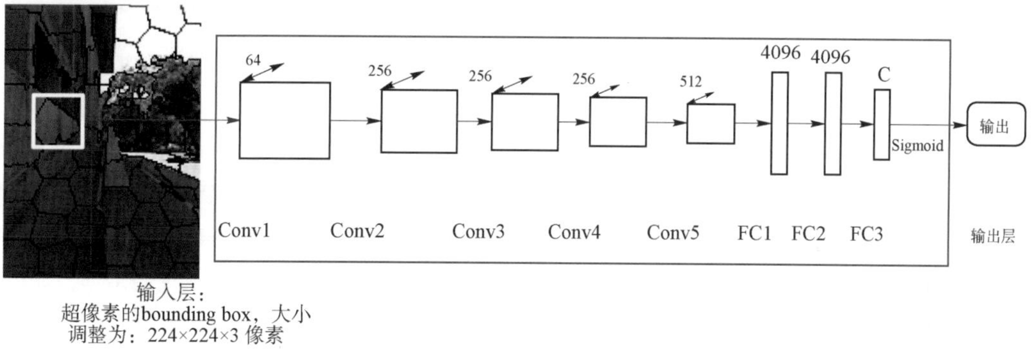

图 4.5　面向深度模板预测的 CNN 模型结构

与第 3 章所提 CNN 模型类似，卷积层中的第 1、第 2 和第 5 层（即 Conv1，Conv2 和 Conv5）在卷积操作后进一步采用最大池化法（Max-pooling）进行池化。所有的卷积层以及前两层全连接层都采用了 ReLU 进行激活。最后采用 Sigmoid 函数作为输出层得到最终的输出结果。整个网络所有层的具体信息见表 4.1。

表 4.1　CNN 的网络结构

结构	输入大小	操作				输出大小
		卷积	全连接	非线性映射	池化	
Conv1	224×224×3	64×11×11×3 卷积 4 步长		ReLU	2×2 池化	27×27×64
Conv2	27×27×64	256×5×5×64 卷积 1 步长		ReLU	2×2 池化	13×13×256

续表

结构	输入大小	操作				输出大小
		卷积	全连接	非线性映射	池化	
Conv3	13×13×256	256×3×3×256 卷积 1 步长		ReLU		13×13×256
Conv4	13×13×256	256×3×3×256 卷积 1 步长		ReLU		13×13×256
Conv5	13×13×256	512×3×3×256 卷积 1 步长		ReLU	2×2 池化	6×6×512
FC1	6×6×512		4096	ReLU		4096
FC2	4096		C	ReLU		4096
FC3	4096		C			C
Sigmoid	C					C

输入层：每块超像素的最小包围盒（Bounding Box），尺寸大小均缩放为 224×224×3 像素。

Conv1：首先利用 64 个 11×11×3 的卷积核对输入斑块进行卷积，滑动步长为 4 个像素（滑动步长为一个卷积核中相邻神经元感受野中心点之间的距离），得到 55×55×64 的特征图（特征图以 $H \times W \times D$ 的形式进行表示，H、W 分别表示特征图的高和宽度，D 表示特征图的个数）。将得到的输出利用 ReLU 函数进行非线性映射，输出得到 55×55×64 的特征图。最后采用 2×2 的窗口进行池化，得到的输出为 27×27×64 的特征图。

Conv2：采用 256 个 5×5×64 的卷积核对上一层 Conv1 的输出特征图进行卷积，滑动步长为 1 个像素，得到 27×27×256 的特征图。将得到的输出利用 ReLU 函数进行非线性映射，输出得到 27×27×256 的特征图。最后采用 2×2 大小的窗口进行池化，得到的输出为 13×13×256 的特征图。

Conv3：采用 256 个 3×3×256 的卷积核对上一层 Conv2 的输出特征图进行卷积，滑动步长为 1 个像素，得到 13×13×256 的特征图。将得到的输出利用 ReLU 函数进行非线性映射，输出得到 13×13×256 的特征图。

Conv4：首先利用 256 个 3×3×256 的卷积核对上一层 Conv3 的输出特征图进行卷积，滑动步长为 1 个像素，得到 13×13×256 的特征图。将得到的输出利用 ReLU 函数进行非线性映射，输出得到 13×13×256 的特征图。

Conv5：首先利用 512 个 3×3×256 的卷积核对上一层 Conv4 的输出特征图进行卷积，滑动步长为 1 个像素，得到 13×13×512 的特征图。将得到的输出利用 ReLU 函数进行非线性映射，输出得到 13×13×512 的特征图。最后采用 2×2 的窗口进行池化，得到的输出为 6×6×512 的特征图。

FC1：将上一层 Conv5 的输出特征图作为输入，采用 4096 个神经单元进行全连接并采用 ReLU 函数进行非线性映射，得到 4096 个输出。

FC2：采用4096个神经单元对全连接层FC1的输出进行全连接，并采用ReLU函数进行非线性映射，得到4096个输出。

FC3：采用 C 个神经单元（C 为深度模板的总数）对全连接层FC2的输出进行全连接，得到 C 个输出。

Sigmoid：对全连接层FC3的输出采用Sigmoid函数得到最终的 C 个输出结果，输出为输入超像素与每类深度模板的亲和度。

输出：C 个输出，输入数据与每类深度模板的亲和度。

假设输入超像素的最小包围盒用 X 表示，$(W,b)=(W^1,b^1,W^2,b^2,\cdots,W^n,b^n)$ 表示整个网络的学习参数（所有层的权值和偏置），其中 $W_{ij}^{\ l}$ 表示第 l 层中第 j 个神经元与第 $l-1$ 层中第 i 个神经元的连接权值，b_j^l 表示第 l 层第 j 个神经元的偏置量，则经过5个卷积层和3个全连接，得到的输出特征图可以表示为

$$F=f(X;\theta)=W^L H^{L-1}+b^L \tag{4.6}$$

式中：$L=8$，表示第8层的全连接层FC3。

H^l 为第 $l\in\{1,\cdots,L\}$ 个隐层的输出特征图，其中 $H^0=X$ 为网络的输入。各层的输出特征图 H^l 的具体描述为：

含池化操作的卷积层：$H^l=\text{pool}\left[\text{ReLU}\left(W^l H^{l-1}+b^l\right)\right]$

不含池化操作的卷积层或全连接层：$H^l=\text{ReLU}\left(W^l H^{l-1}+b^l\right)$

4.3.2 损失函数（Loss Function）

Sigmoid函数是CNN中常用的一种激励函数，将输入神经元转换为所需的输出信号，表达式为 $s(x)=\dfrac{1}{1+\mathrm{e}^{-x}}$，如图4.6所示，输出信号的范围在［0，1］之间。因此，在得到全连接层FC3的输出特征向量 F 之后，采用Sigmoid函数将该特征向量转化为输入数据的概率分布。

$$a=s(F)=\frac{1}{1+\mathrm{e}^F}$$

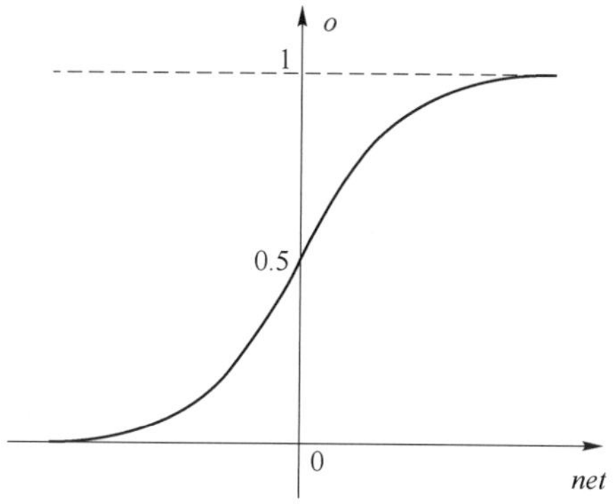

图4.6 Sigmoid 函数

本章所设计的CNN模型的输出理想值为输入数据的概率分布，也就是输入超像素与

每类深度模板的亲和度，故损失函数需要度量理想的概率分布与实际输出的概率分布两者的差异，因此，本章采用交叉熵（Cross-entropy）作为该 CNN 模型的损失函数。与距离函数不同，交叉熵是用来度量两个概率分布差异的函数。假设输入超像素 k 与每块深度模板的亲和度为 $p_k^{(i)}$，$i\in\{1,2,\cdots,C\}$，其中 C 为深度模板的总数。则该超像素的实际输出亲和度 $a_k^{(i)}$ 与 $p_k^{(i)}$ 的相似度通过交叉熵可以表示为：

$$H(a_k^{(i)},p_k^{(i)})=-p_k^{(i)}\ln a_k^{(i)}-(1-p_k^{(i)})\ln(1-a_k^{(i)}) \tag{4.7}$$

因此，对包含 m 组输入训练集，其损失函数的形式如下：

$$J=-\frac{1}{m}\sum_{k=1}^{m}\sum_{i=1}^{C}[p_k^{(i)}\ln a_k^{(i)}+(1-p_k^{(i)})\ln(1-a_k^{(i)})] \tag{4.8}$$

同样，对式（4.8）加入权重衰减项，则最终的损失函数变为：

$$J=-\frac{1}{m}\sum_{k=1}^{m}\sum_{i=1}^{C}[p_k^{(i)}\ln a_k^{(i)}+(1-p_k^{(i)})\ln(1-a_k^{(i)})]+\frac{\lambda}{2}\left\|W\right\|_2^2 \tag{4.9}$$

式中：λ 为权重衰减参数。

4.3.3 模型学习与推断

设计好面向深度模板预测的 CNN 模型之后，需要通过样本训练集对模型的参数 $(W,b)=(W^1,b^1,W^2,b^2,\cdots,W^n,b^n)$ 进行学习。学习的过程包括前向传播和误差反向传播两个过程，通过前向传播得到输入超像素与每类深度模板的亲和度，利用交叉熵损失函数式（4.9）度量该实际输出与理想输出之间的差异，并反向逐层利用 SGD 算法更新相应的参数，使损失函数式（4.9）达到最小。

该损失函数式（4.9）关于参数（W^L，b^L）的梯度计算公式如下。参数（W^L，b^L）是连接输出层与上一层（全连接层 FC3）的权值和偏置，其中 W_i^L 表示输出层中第 i 个输出与上一层神经元的连接权值，b_i^L 为输出层中第 i 个输出的偏置。该损失函数式（4.9）关于 W_{ki}^L（表示输出层中第 i 个输出与上一层的第 k 个神经元的连接权值）的导数为：

$$\begin{aligned}\frac{\partial J}{\partial W_{ki}^L}&=-\left[\frac{p_k^{(i)}}{a_k^{(i)}}\frac{\partial a_k^{(i)}}{\partial W_{ki}^L}-\frac{1-p_k^{(i)}}{1-a_k^{(i)}}\frac{\partial a_k^{(i)}}{\partial W_{ki}^L}\right]+\lambda W_{ki}^L\\&=\frac{\partial a_k^{(i)}}{\partial W_{ki}^L}[p_k^{(i)}-a_k^{(i)}]\frac{1}{a_k^{(i)}[1-a_k^{(i)}]}+\lambda W_{ki}^L\end{aligned} \tag{4.10}$$

由此可以得到该损失函数关于 W_i^L 的导数为：

$$\frac{\partial J}{\partial W_i^L}=-\frac{1}{m}\sum_{k=1}^{m}\left\{\frac{\partial a_k^{(i)}}{\partial W_{ki}^L}[p_k^{(i)}-a_k^{(i)}]\frac{1}{a_k^{(i)}[1-a_k^{(i)}]}\right\}+\lambda W_i^L \tag{4.11}$$

同样可以得到该损失函数关于 b_i^L 的导数的计算公式：

$$\frac{\partial J}{\partial b_i^L}=-\frac{1}{m}\sum_{k=1}^{m}\left\{\frac{\partial a_k^{(i)}}{\partial b_i^L}[p_k^{(i)}-a_k^{(i)}]\frac{1}{a_k^{(i)}[1-a_k^{(i)}]}\right\} \tag{4.12}$$

CNN 网络模型各中间层的梯度计算如第 2 章所述。每层的参数更新如式（2.24）所示。

在学习得到模型的参数（W，b）之后，对于任意一块输入超像素 k，通过该 CNN 模型可以得到该块超像素与每类深度模板的亲和度，则利用 argmax 能够对该块超像素属于的深度模板类别进行预测，公式如下：

$$t_k=\underset{i\in C}{\operatorname{argmax}}\,a_k^{(i)},\ i=1,2,\cdots,C \tag{4.13}$$

4.4 实验设计与结果

4.4.1 实验设计

实验中采用 Make3D 数据集对所提的深度模板的构建与预测方法进行验证，其中 400 幅图像以及对应的深度图和语义标注图用于学习，其余的 134 幅图像用于测试。在实际场景中，天空距离相机的拍摄距离远远大于其他景物，可近似认为无限远，这意味着对于影像中的天空区域，可以直接赋予一个极大值作为其深度值。因此，在后续研究中，不考虑影像中的天空区域。

在实验中，首先采用基于 SLIC 的方法对图像进行分割得到所有图像的超像素，并对所有的超像素的深度图进行归一化。然后在图像语义类别信息的约束下，利用 AP 聚类算法分别对每类物体的超像素归一化深度图进行聚类，生成每类物体的深度模板。

在得到每类物体的深度模板之后，采用所设计的 CNN 模型对深度模板进行预测，估计未知超像素块的相对深度变化趋势。对所有的超像素提取超像素的最小包围盒，并调整至 224×224×3 像素大小，以此作为该 CNN 模型的输入。对于所设计的 CNN 模型，采用 SGD 算法对损失函数式（4.9）的最小优化问题进行求解，每次学习的样本数设为 100，冲量为 0.9，权重衰减项为 0.0005，初始的学习率设置为 0.01，每学习 10 次将学习率乘以 0.1。CNN 模型中各层参数（权值和偏置）的初始值采用 Chatfield 等[167]训练得到的 CNN-F模型的参数。在学习过程中，CNN 模型的参数的更新规则如式（3.15）所示。

4.4.2 算法评价标准

为定量评价深度模板预测结果的精度，采用式（4.10）计算超像素属于某块深度模板的概率。假设图像中一超像素 k，通过该 CNN 模型预测得到其归属的深度模板为 t_k，则该超像素 k 属于深度模板 t_i 的概率 $p(k,\ t_k)$ 为

$$
\begin{aligned}
p(k,t_k) &= 1\{l_k = l_{t_k}\}\ S(k,t_k)/\sum\nolimits_j S(k,t_k) \\
S(k,t_k) &= \mathrm{e}^{-\| d_k - d_{t_k} \|_1}
\end{aligned}
\tag{4.14}
$$

式中：d_k、d_{t_k}表示超像素块 k 和深度模板 t_k 的归一化深度图；l_k、l_{t_k}为 k 和 t_k 所属的语义类别；示性函数 $1\{l_k=l_{t_k}\}$判断两者所属的语义类别信息是否相同。

在式（4.14）的基础上，采用每块超像素的平均精度（Per Superpixel Accuracy，PSA），以及平均类精度（Mean Class Accuracy，MCA）作为评价因子，并对各类物体（建筑物、道路、草地、树木、水、山和前景物）的平均精度进行计算。假设图像数据集中分割得到的超像素总数为 n_T，语义类别（共含 n_C 类物体）为 i 的超像素数为 n_i，则可以得到：

1）每块超像素的平均精度 PSA：$\dfrac{\sum_k p(k,\ t_k)}{n_T}$；

2）平均类精度 MCA：$\dfrac{1}{n_C}\sum_i \dfrac{\sum_k p(k,\ t_k)}{n_i}$；

3）语义类别为 i 的物体的平均精度：$\dfrac{\sum_k p(k,\ t_k)}{n_i}$。

4.4.3 深度模板的构建结果

采用 AP 算法聚类生成的每一类物体的深度模板数量分别为：建筑物 94 类，道路 55 类，树木 59 类，草地 46 类，水 15 类、山 31 类、前景物 104 类。每类物体的深度模板如图 4.7 所示。

（a）建筑物

（b）道路

图 4.7　每类物体的深度模板

（c）树木

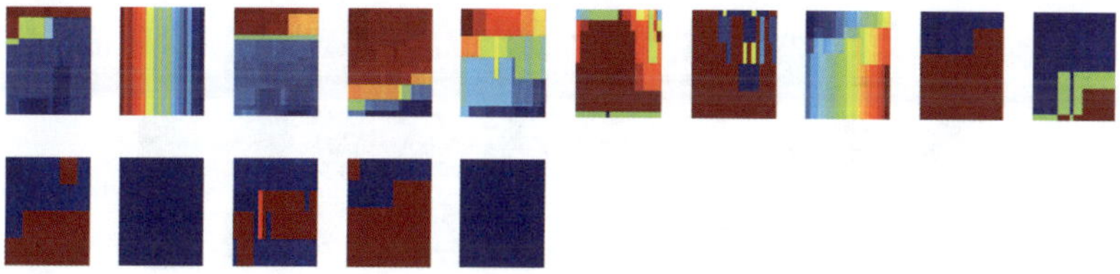

（d）水

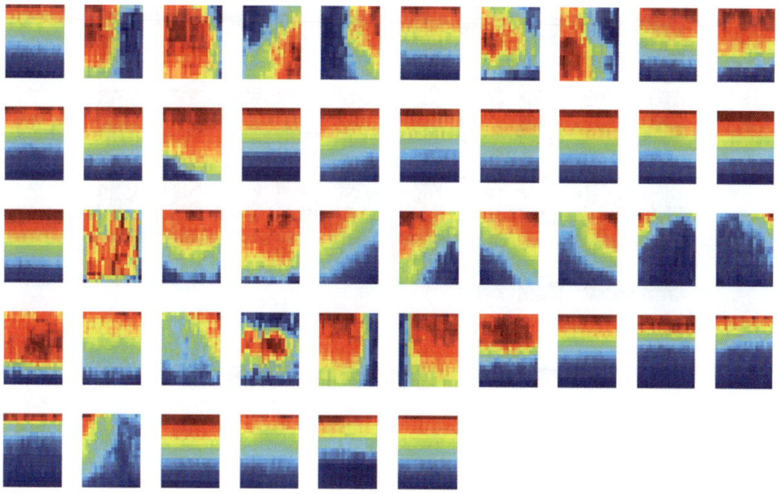

（e）草地

图 4.7　每类物体的深度模板（续）

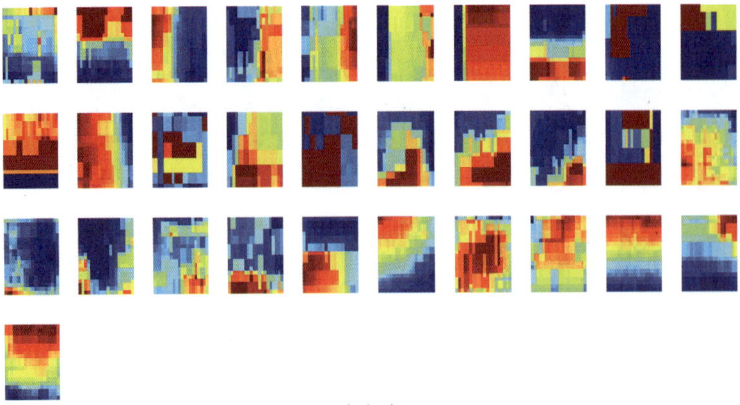

（f）山

（g）前景物

图 4.7　每类物体的深度模板（续）

为验证 AP 聚类算法的有效性，采用经典的 K-means 算法（K 均值算法）进行比较。K-means 算法首先从聚类样本中随机选择 k 个对象作为聚类中心，对剩余的每个对象，根据它们到这 k 个对象质心的距离，将其划分到最相似的簇，然后重新计算质心位置，选用簇中离平均值最近的对象作为聚类中心，重复以上过程，直至满足收敛条件。为进行定量地比较，采用每一类物体中所有数据点与对应的深度模板之间的平均绝对误差作为度量因子。在实验过程中，利用 AP 聚类得到的聚类数目作为 K-means 算法的 k 值。两种聚类算法的结果比较如表 4.2 和图 4.8 所示。从表 4.2 和图 4.8 中可知，AP 聚类算法构建的深度模板优于 K-means 算法。

表 4.2　AP 和 K-means 算法的结果比较　　单位：m

方法	K-means	AP
建筑物	51.89	40.51
道路	29.38	23.72
树木	59.98	52.23
草地	39.73	33.00
水	18.85	18.38
山	38.07	35.28
前景物	61.35	46.68

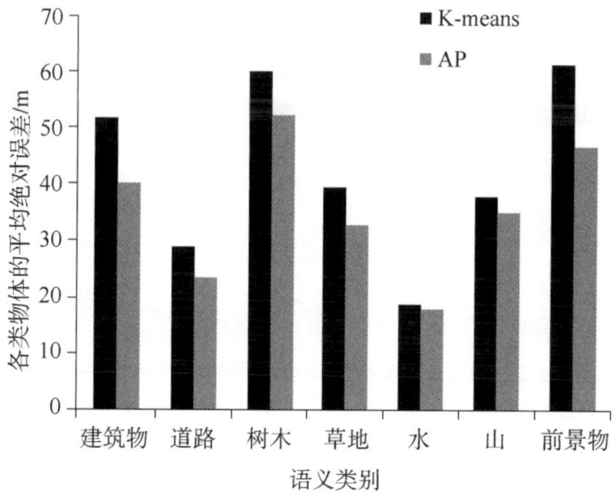

图 4.8　AP 和 K-means 算法的结果比较

4.4.4　深度模板的预测结果

为验证方法的可行性及有效性，采用 Yang 等[175]提出的一种基于稀疏编码的线性空间金字塔匹配模型的图像分类方法（Linear Spatial Pyramid Matching Using Sparse Coding, ScSPM）进行比较。ScSPM 借助词袋模型（Bag-of-word，BoW）和空间金字塔匹配模型（Spatial Pyramid Matching，SPM）的优势，并在此基础上结合稀疏编码技术解决特征编码的适应问题，是目前常用的一种基于传统机器学习的图像分类方法。ScSPM 主要过程包括特征提取、稀疏编码、特征汇总以及线性分类四个阶段。首先从图像中提取图像的 SIFT 特征；然后将提取的特征进行稀疏表示，并通过最大特征汇总（Max Pooling），形成最终的图像特征向量；最后将这些特征向量送入线性支持向量机 SVM 中进行学习。ScSPM 和所用方法的实验结果如表 4.3 和图 4.9 所示。图 4.9 给出的是两种算法的各类物体平均精度对比图。

表 4.3　深度模板预测的结果比较　　单位:%

方法	MCA	PSA	各类物体的平均精度						
			建筑物	道路	树木	草地	水	山	前景物
ScSPM	79.06	82.54	81.78	79.28	81.30	77.34	71.74	—	82.92
所提方法	82.60	86.90	86.42	82.54	84.03	81.87	73.16	—	87.59

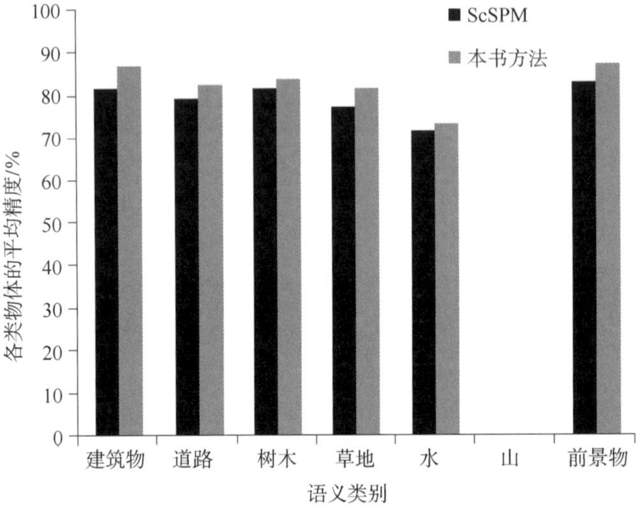

图 4.9　各类物体中所有超像素的平均精度

图 4.10 给出了一些深度模板预测的定性结果，分别为通过所用方法预测得到的建筑物、道路、树木、草地、前景物等物体中某些局部区域所属的深度模板及其对应的真实的归一化深度图。其中 a 表示超像素块属于预测得到的深度模板的概率，计算公式如式（4.14)所示。

4.5　分析与讨论

对以上深度模板的构建与预测的实验结果进行分析，可以得到以下几点结论：

1）K-means 算法需要事先给定聚类的数目和初始的聚类中心，而聚类数目和聚类中心的初始值设定往往会对聚类结果有较大的影响。相反，AP 聚类算法不需要事先指定聚类数目，而是在聚类过程中寻找最佳的聚类数目。从表 4.2 和图 4.8 中可以看出，与 K-means 算法相比，AP 算法有效地提高了聚类结果的精度。在表 4.2 中，对于水和山中局部区域的归一化深度图的聚类，两种算法的性能相当，这主要是因为在样本图像集所在的场景中水面非常少，能够获得的相应的归一化深度图很少，而 K-means 能够对较小的数据集取得较好的聚类效果。但是当数据量变大时如建筑物，AP 算法的聚类效果明显优于 K-means 算法。实验结果表明，采用 AP 算法能够有效地构建每类物体的深度模板。

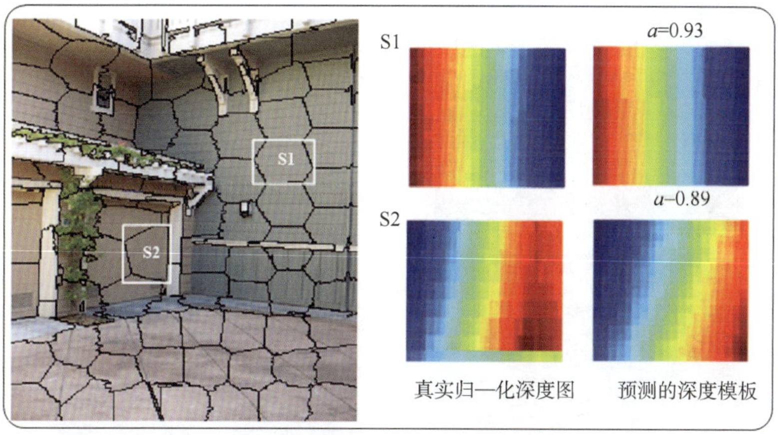

（a）建筑物中局部区域的深度模板预测结果

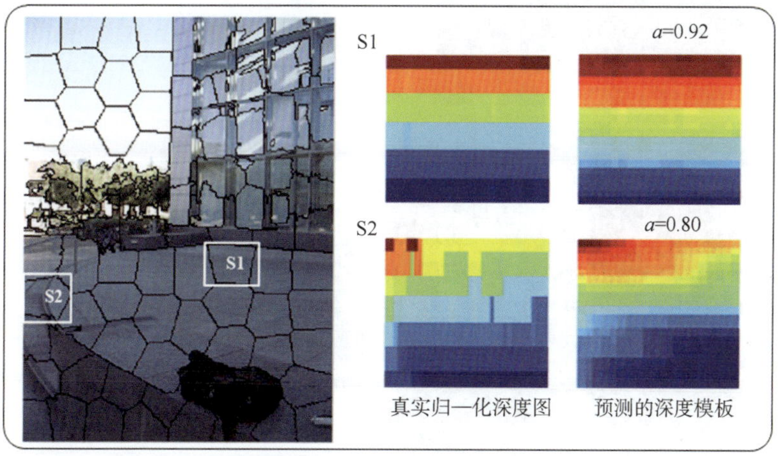

（b）道路中局部区域的深度模板预测结果

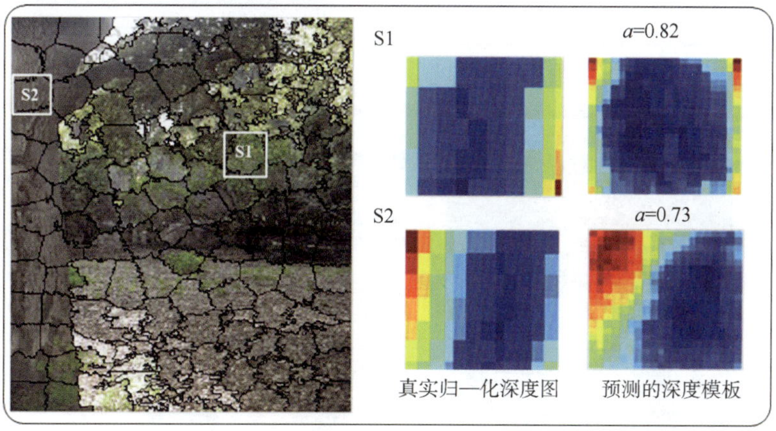

（c）树木中局部区域的深度模板预测结果

图 4.10　深度模板的预测结果

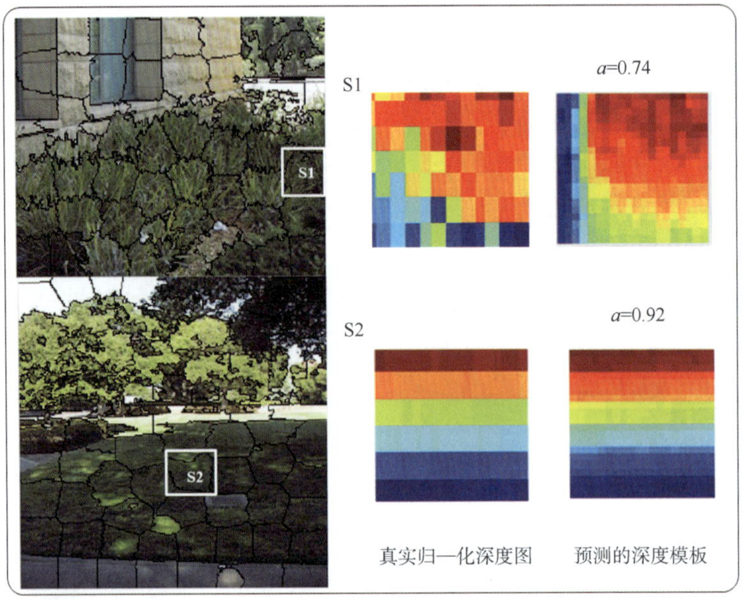

（d）草地中局部区域的深度模板预测结果

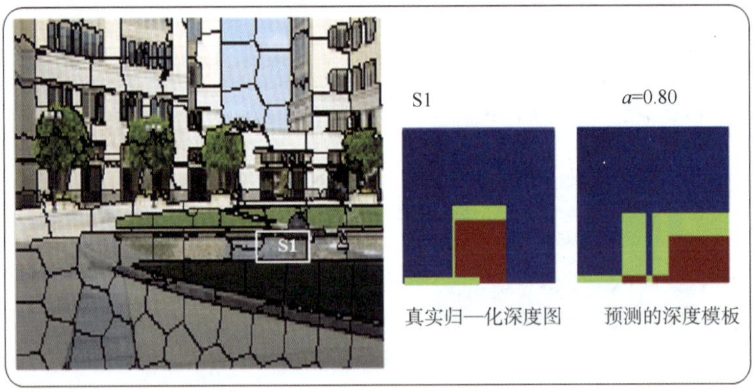

（e）水中局部区域的深度模板预测结果

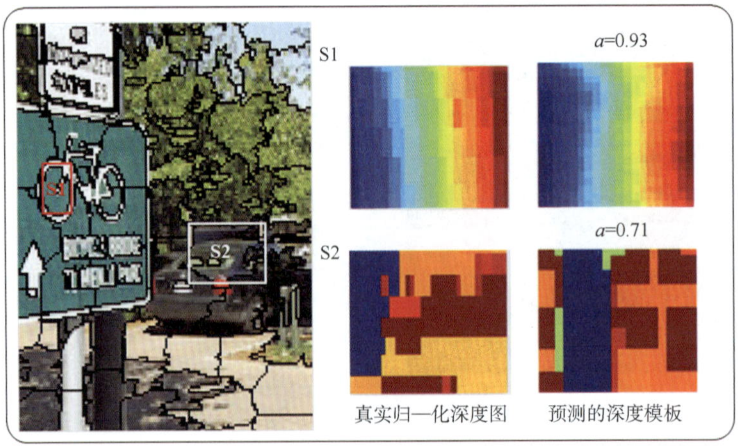

（f）前景物中局部区域的深度模板预测结果

图 4.10　深度模板的预测结果（续）

2）从表 4.3 中可以看出，相比于 ScSPM 方法，作者所用方法获得的深度模板预测结果的精度更高。最主要的一个原因就是与 ScSPM 算法相比，所用方法采用 CNN 模型能够自动地学习得到图像中更有用的特征。ScSPM 算法属于传统的机器学习算法，在对样本数据进行学习之前，需要人工显式地提取图像中的特征，并对提取的特征进行合理的表达，建立特征向量与归一化深度图之间的模型关系。在 ScSPM 算法中提取的是图像的 sift 特征，并在稀疏编码之后采用最大特征汇总形成最终的特征向量送入 SVM 中进行学习。但是图像中还存在很多其他特征，如纹理特征、反映图像空间结构的全局 gist 特征，描述局部区域的梯度信息的方向梯度直方图 HOG 特征，能够刻画图像的纹理信息和结构信息。相反，作者设计的基于 CNN 模型的深度模板预测方法，无需对图像特征进行提取和表达，而是直接将样本数据放入 CNN 模型中进行学习，通过反向误差传播，逐层地从图像中获得从底层甚至是高层的有用特征，进而能够获得更加有效的预测结果。

3）如表 4.3 和图 4.9 所示，语义类别为水和山的物体中局部区域的深度模板预测结果相对于其他物体的深度模板预测结果的精度更低。这主要是因为在样本数据中水和山的区域非常少，通过聚类得到的深度模板的精度较低。但是与 ScSPM 算法相比，书中所用方法仍然表现出较好的性能。因此，从表 4.3 图 4.9 可以得出，与 ScSPM 算法相比，所用方法能够获得更有效的深度模板预测结果。

4）图 4.10 中各类物体的定性结果也显示，作者所用方法得到的深度模板的预测结果，与对应的真实的归一化深度图较为接近，并且局部区域属于预测的深度模板的概率较高。因此，采用这一方法预测得到的深度模板，能够较好地表现对应局部区域的相对深度变化趋势。

综合分析，作者采用 AP 算法将局部区域的归一化深度图进行聚类，生成能够代表各类物体中不同的相对深度变化趋势的深度模板。实验结果表明，采用的 AP 算法能够较好地对归一化深度图进行聚类，构建有效的深度模板。在此基础上，作者采用 CNN 模型对深度模板进行预测，判断未知局部区域所属的深度模板。深度模板预测的实验结果表明，基于 CNN 模型的方法能够较好地实现深度模板的预测，并且与已有的 ScSPM 算法相比，作者所用方法具有更好的性能。

4.6 小　　结

物体中的局部区域由于缺乏足够的细节信息，往往难以精确地恢复对应的结构信息，并且容易产生深度歧义。同类物体中存在很多结构相似的局部区域，它们的相对深度变化趋势存在高度的一致性或者相似性。因此，本章在图像语义分割之后，结合图像的语义类别信息，预测物体中局部区域的归一化深度图，为后续精确地重建场景的结构提供有力的支撑。本章采用简单有效的 AP 聚类算法，并结合图像的语义类别信息，生成了每类物体的深度模板。传统的分类方法需要人工显式地提取并表达图像特征，而本章借助 CNN 的优势，设计了一种 CNN 模型对深度模板进行预测，并对所用的方法进行详细研究和实验分析。实验结果表明：①采用 AP 聚类算法能够获得满意的各类物体的深度模板；②与已有算法相比，作者所用的基于 CNN 模型的深度模板预测方法能够更有效地估计局部区域所属的深度模板，有效地获取局部区域的相对深度变化趋势（归一化深度图），为后续的深度重建提供了重要的信息。

第 5 章　融合 CNN 与 CRF 的单像深度重建

场景的深度是指场景中的某一点相对于摄像机中心所在的 *XY* 平面的距离。场景中各点的深度信息可用一张深度图表示，深度图中每个像素点的值表示场景中的某点到摄像机中心所在的 *XY* 平面的距离。从现实的地理场景变换到二维影像是一个多对一的过程，必然存在信息的丢失，即深度信息的丢失。因此，深度信息是恢复场景三维结构的关键因素。传统的摄影测量和计算机视觉理论通过模拟人类的双眼视觉，通过视差原理获取相关场景的深度信息。但是基于单幅影像的深度重建，在数学上是一个病态的求解问题，由于缺乏影像之间的视差信息，只能通过先验知识以及影像自身存在的特征来实现。

目前大多数单像深度重建方法都只能应用于某一类特定场景，缺乏通用性，如基于几何结构的单像重建方法只能针对结构化场景。基于机器学习的方法是一类能够对任意场景的影像进行重建的方法，但是传统的机器学习方法需要人工显式地提取特征，难以获得满意的重建效果。本章将深层 CNN 引入基于单幅影像的深度重建中，融合 CNN 与点对 CRF 模型，并结合图像的语义类别信息以及物体中局部区域的相对深度变化趋势，重建场景的三维结构信息。本章构建了融合 CNN 和点对 CRF 的单像深度重建模型，对模型的结构、学习以及推断过程进行了详细的阐述，最后通过真实图像实验对方法的有效性及可靠性进行验证。

5.1　引　　言

人类除了利用双目立体视觉的视差信息获取场景的深度信息之外，在很大程度上利用了大脑所见场景积累的先验知识。基于机器学习的方法就是模拟人脑的这种处理过程，在没有任何几何信息和先验知识的情况下，通过样本图像数据集对应的深度图进行学习实现对场景的深度重建。Saxena 等[27]将深度重建视为 MRF 的学习问题，采用 MRF 建立图像特征与场景深度的概率模型，并利用样本数据对 MRF 模型进行训练学习。但是通常情况下，难以精确地对 MRF 模型进行学习和推断，只能利用环路置信传播、迭代条件模式 ICM 等近似算法进行推断，这将降低深度重建的有效性。条件随机场 CRF 是由 MRF 发展而成的概率图模型，在一般情况下，能够获得比 MRF 更有效的预测结果。CRF 结合了最大熵模型和隐马尔可夫模型的优点，是一种判别式概率无向图模型，直接对后验概率进行建模，不仅可以融入空间上下文关系，还能够增强对图像内容的理解[176]。但是目前已有的研究中大多是利用 CRF 解决分类等离散的结构化问题，如 Liu 等[88]采用离散-连续的 CRF 模型对场景的深度进行建模，对图像中超像素的深度以连续变量进行编码，并利用离散变化建立邻接超像素之间的关系，但是仍然需要采用近似算法进行学习和推断，并且需要依赖图像复原来获取合理的初始值。Qin 等[177]提出使用连续的 CRF 模型解决排序问题。他们证明了当 CRF 概率模型中的配分函数存在解析解时，可以直接求解连续 CRF 模型的最大似然值。因此，作者将场景的深度重建视为一个连续 CRF 模型的学习问题，采用连续 CRF 模型对场景的深度进行建模，无须采用任何近似算法就能够直接对它的对数似然函数进行求解，从而可实现场景深度信息的有效预测。

基于机器学习的方法是现有单像深度重建中比较有效的一类方法，能够对任意场景进行重建。但是传统的基于机器学习方法都需要依靠人工显式地设计特征并对特征进行表达，如 Saxena 等[28,29]采用根据纹理变化、纹理梯度和颜色三种深度线索提取相应的图像特征，并通过经验建立特征向量与深度之间的模型关系，但是图像中还存在很多有用的特征未被利用，提取合适的图像特征并对其进行表达成为机器学习方法的关键和难点。与传统机器学习方法相比，CNN 具有自动学习图像特征的优越性，已逐渐被应用到图像的三维重建中。Eigen 等[97,98]提出了基于一种基于多尺度 CNN 模型的单像深度重建方法，能够有效地避免人工显式提取特征的缺点。Hu 等[99]以图像斑块为单元，设计了一种 CNN 模型恢复图像的深度图。Li 等[102]采用多尺度的图像块作为 CNN 网络的输入，并利用 CRF 模型进一步对网络的输出进行优化。Liu 等[100]结合 CNN 和 CRF 设计一种更深层的 CNN 网络，能够更有效地估计图像的深度信息。因此，作者亦借助 CNN 的优势，采用 CNN 模型自动地学习图像中从底层到高层的有用特征，得到图像特征的层次性表达。另外，邻接超像素之间的深度具有很大的关联性，因此作者融合 CNN 和点对 CRF 模型根据超像素特征以及邻接超像素的深度相关性对图像的深度进行有效重建。

此外，图像的语义类别信息是一类非常有用的高层深度线索，具有很强的几何意义，有助于消除物体之间的深度歧义性，物体中局部区域的相对深度变化趋势为局部区域提供了更多的细节信息，为恢复精确的场景结构和边界信息提供了有力的支撑。

因此，在已有研究的基础上，本章结合前两章得到的图像的语义类别信息以及局部区域的相对深度变化趋势，设计了一种 CNN 网络提取图像中的有用特征，并将连续的点对 CRF 模型作为网络的损失函数，提出一种融合 CNN 和连续的点对 CRF 模型的单像深度重建方法。

方法将基于单幅影像的深度重建视为一个概率图模型，利用点对 CRF 模型建立影像特征与对应的场景深度之间的模型关系。采用深层次的 CNN 模型，自动学习得到影像中从底层到高层的有用特征，并结合影像的语义类别以及局部区域的相对深度变化趋势，融合 CNN 和连续的点对 CRF 实现基于单幅影像的深度重建。具体地，方法将 CNN 与点对 CRF 模型融合在一个统一的深层 CNN 网络框架中（为方便起见，简称为 CNN-CRF 模型），采用 CNN 网络学习得到图像特征，并将 CNN 网络的输出通过基于超像素的二阶 CRF 模型建立整个 CNN-CRF 模型的损失函数。整个网络由单点项、点对项以及 CRF 损失层三部分组成。整个网络框架如图 5.1 所示。①对于单点项，首先直接由图像出发采用全卷积的 CNN 网络得到一组图像的卷积特征图，然后将这些卷积特征图与图像的超像素块进行连接，利用超像素池化得到超像素的卷积特征图，并将这些超像素卷积特征图进行全连接得到单点项的输出。单点项的输出为超像素中心的回归深度值和超像素的归一化尺度因子。②对于点对项，采用所有邻接超像素之间的相似矩阵以及语义类别信息的一致性进行全连接得到每对邻接超像素的深度关系。③CRF 损失层就是根据基于超像素的二阶

CRF 模型，以单点项的输出构建 CRF 模型的单点势能函数（Unary Potential Function），以点对项的输出构造 CRF 模型的点对势能函数（Pairwise Potential Function），结合单点项和点对项建立超像素与图像深度之间的条件概率函数，作为整个 CNN-CRF 模型的损失函数。

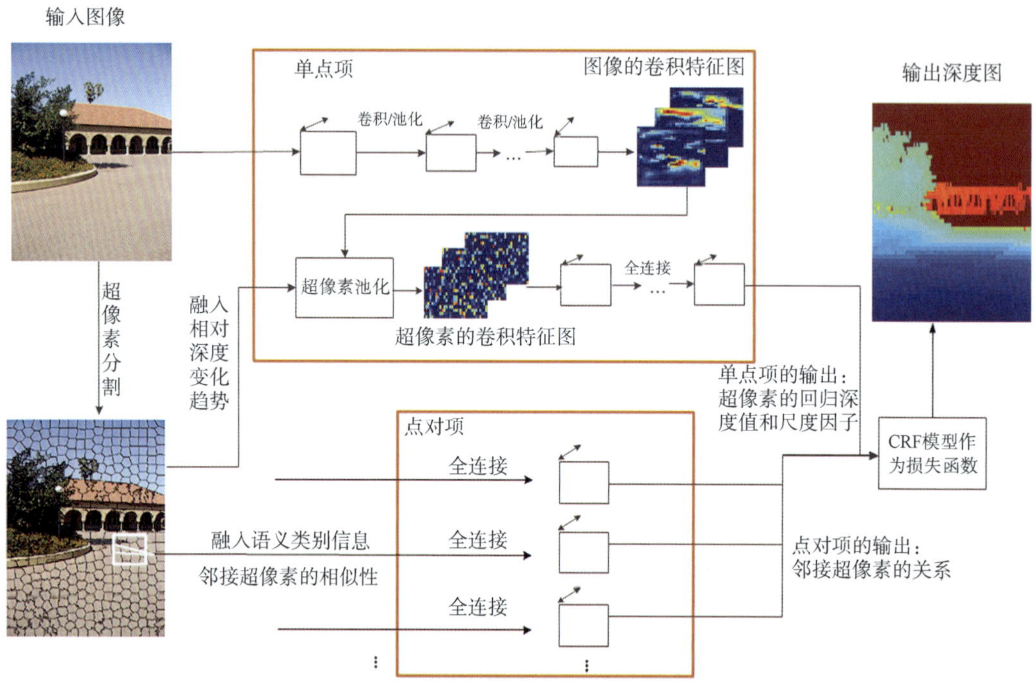

图 5.1　模型的总体框架

5.2　融合 CNN 与点对 CRF 的深度重建模型

5.2.1　基于 CRF 的深度重建问题的数学描述

给定一幅图像 I，基于 CRF 的深度重建是指对图像中的像素点或者超像素 $x=\{x_1, x_2,\cdots,x_n\}$ 自动恢复场景的深度信息 $y=\{y_1,y_2,\cdots,y_n\}$，其中，$y_p(p=1,2,\cdots,n)$ 为像素点或者超像素 x_p 所对应的深度值。利用 CRF 模型建立关于观察数据集 x 的条件概率分布：

$$P(y|x;\theta)=\frac{1}{Z(x,\theta)}\exp\{-E(y,x;\theta)\} \tag{5.1}$$

式中：θ 为 CRF 模型参数；$E(y,x;\theta)$ 为势能函数；$Z(x,\theta)$ 为配分函数，定义为：

$$Z(x,\theta)=\int_y \exp\{-E(y,x;\theta)\}\,\mathrm{d}y \tag{5.2}$$

一旦学习得到 CRF 模型的参数 θ，就能够重建新图像的深度信息。对于一幅新的影像，假设它的观测数据集 $x=\{x_1,x_2,\cdots,x_n\}$，及其对应的深度数据集 $y=\{y_1,y_2,\cdots,y_n\}$，则该幅影像的场景深度可利用 MAP 推断进行计算，即

$$y^* = \underset{y}{\operatorname{argmax}} P(y \mid x;\theta) \tag{5.3}$$

超像素是图像中由一系列位置相邻且颜色、亮度、纹理等特征相似的像素点组成的图像斑块。本方法首先将图像过分割为无数个超像素块，然后以超像素为基本单元建立基于超像素的 CRF 模型。与基于像素的 CRF 模型相比，基于超像素的 CRF 模型能够利用更加丰富的特征，除颜色、纹理外，还能够利用形状特征、图像的空间上下文信息，这有利于提高重建深度的精度。此外，基于超像素的 CRF 模型能够大大减少图结构中的结点数，提高模型的整体效率。与现有常用的 CRF 模型相似，作者构建基于超像素的点对条件随机场（Pairwise CRF）模型，则式（5.1）中的势能函数可以定义为：

$$E(y,x;\theta) = \sum_{p \in N} \varphi\ (y_p,x;\theta) + \sum_{(p,q) \in S} \varphi\ (y_p,y_q,x;\theta) \tag{5.4}$$

式中：N 表示用超像素表示的结点集合；S 表示边的集合；$\varphi(y_p,x;\theta)$ 表示单点势能函数，刻画了每块超像素自身的图像特征与场景深度之间的相互关系；$\varphi(y_p,y_q,x;\theta)$ 表示点对势能函数，反映了邻接超像素的空间关系对其场景深度的影响。

5.2.2 单点项

作者首先采用一个独立的深层次的 CNN 网络模型提取每块超像素的深度特征，并结合其对应的归一化深度图，得到每块超像素的深度图。单点项的势能函数利用 CNN 网络的输出与理想的输出深度值之间的欧式损失进行构造，形式如下：

$$\varphi\ (y_p,x;\theta) = [\,y_p - z_p(\theta)\,]^2 \tag{5.5}$$

式中：θ 为 CNN 网络模型的参数；$y_p, p=1,2,\cdots,n$ 表示超像素块的真实深度；$z_p = s_p t_p + c_p$ 表示预测得到的超像素块 p 的深度，其中 c_p，s_p 是通过 CNN 网络得到的该块超像素中心的深度值以及该块超像素的归一化尺度因子，t_p 为该块超像素的相对深度变化趋势，即归一化深度图。

（1）单点项中 CNN 网络的结构

如第 4 章所述，图像中超像素块 p 的深度图可以用对应的归一化深度图 t_p，超像素中心的深度值 c_p 以及一个尺度因子 s_p 进行表示。通过第 4 章的深度模板预测可以得到超像素对应的归一化深度图。因此，单点项的 CNN 网络的输出目标就是超像素中心的深度值和归一化尺度因子。

所设计的 CNN 网络结构如图 5.2 所示，首先将直接将图像作为网络的输入采用 7 个全卷积层（Conv1，Conv2，Conv3，Conv4，Conv5，Conv6，Conv7）得到图像的卷积特征图。在此基础上，根据基于 SLIC 超像素分割方法获得的图像超像素，对图像的卷积特征图进行超像素池化，获取超像素的卷积特征图，最后采用 3 个全连接层（FC1，FC2，FC3）得到该网络的输出。

网络中卷积层中的第 1、第 2 和第 5 层（即 Conv1，Conv2 和 Conv5）在卷积操作后进一步采用最大池化法（Max-pooling）进行池化。所有的卷积层以及超像素池化层都采用非线性单元函数 ReLU 进行激活。第一个全连接层 FC1 采用 ReLU 函数进行激活，第二个全连接层 FC2 采用 Logistic 函数进行激活，第三个全连接层 FC3 不采用任何函数激活，而是直接进行全连接得到网络的输出。整个网络所有层的具体信息见表 5.1。输入图像的尺寸可以是任意的，在表中假设原始图像的大小为 320×240 像素，对其进行超像素分割得到的超像素块数为 n。

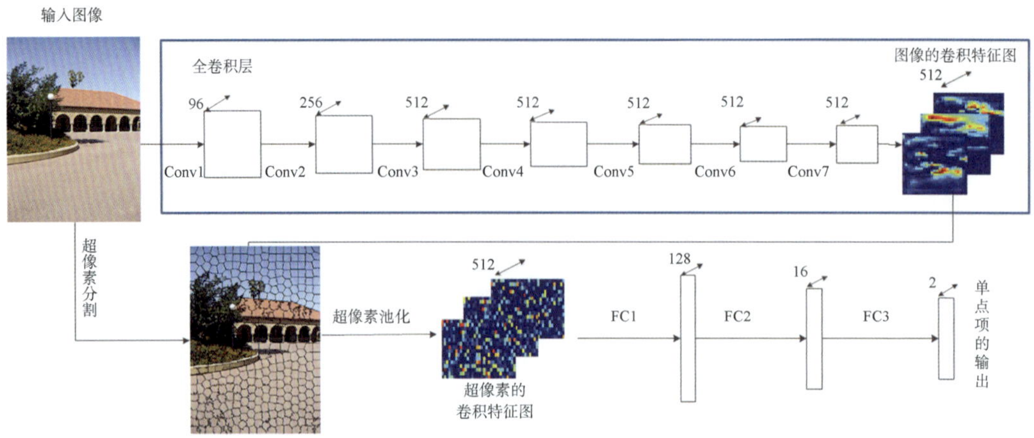

图 5.2　单点项的 CNN 网络结构

表 5.1　CNN 的网络结构

结构	输入大小	操作				输出大小
		卷积	全连接	非线性映射	池化	
Conv1	320×240×3	96×7×7×3 卷积 2 步长		ReLU	2×2 池化	79×59×96
Conv2	79×59×96	256×5×5×96 卷积 1 步长		ReLU	2×2 池化	40×30×256
Conv3	40×30×256	512×3×3×256 卷积 1 步长		ReLU		40×30×512
Conv4	40×30×512	512×3×3×512 卷积 1 步长		ReLU		40×30×512
Conv5	40×30×512	512×3×3×512 卷积 1 步长		ReLU	2×2 池化	20×15×512
Conv6	20×15×512	512×3×3×512 卷积 1 步长		ReLU		20×15×512
Conv7	20×15×512	512×3×3×512 卷积 1 步长		ReLU		20×15×512
超像素池化	20×15×512			ReLU	超像素池化	$1\times512\times n$
FC1	$1\times512\times n$		128	ReLU		$128\times n$
FC2	$128\times n$		16	逻辑函数		$16\times n$
FC3	$16\times n$		2			$2\times n$

输入层：任意大小的原始图像（文中以 320×240×3 像素大小的原始图像为例），以及图像的超像素（共有 n 块超像素）。

Conv1：首先利用 96 个 7×7×3 的卷积核对输入图像进行卷积，滑动步长为 2 个像素（滑动步长为一个卷积核中相邻神经元感受野中心点之间的距离），得到 158×118×96 的特征图（图像特征图以 $H\times W\times D$ 的形式进行表示，H、W 分别表示特征图的高和宽度，D 表示特征图的个数）。将得到的输出利用 ReLU 函数进行非线性映射，输出得到 158×118×96 的特征图。最后采用 2×2 的窗口进行池化，得到的输出为 79×59×96 的特征图。

Conv2：采用 256 个 5×5×96 的卷积核对上一层 Conv1 的输出特征图进行卷积，滑动步长为 1 个像素，得到 79×59×256 的特征图。将得到的输出利用 ReLU 函数进行非线性映射，输出得到 79×59×256 的特征图。最后采用 2×2 的窗口进行池化，得到的输出为 40×30×256 的特征图。

Conv3：采用 512 个 3×3×256 的卷积核对上一层 Conv2 的输出特征图进行卷积，滑动步长为 1 个像素，得到 40×30×512 的特征图。将得到的输出利用 ReLU 函数进行非线性映射，输出得到 40×30×512 的特征图。

Conv4：首先利用 512 个 3×3×512 的卷积核对上一层 Conv3 的输出特征图进行卷积，滑动步长为 1 个像素，得到 40×30×512 的特征图。将得到的输出利用 ReLU 函数进行非线性映射，输出得到 40×30×512 的特征图。

Conv5：首先利用 512 个 3×3×512 的卷积核对上一层 Conv4 的输出特征图进行卷积，滑动步长为 1 个像素，得到 40×30×512 的特征图。将得到的输出利用 ReLU 函数进行非线性映射，输出得到 40×30×512 的特征图。最后采用 2×2 的窗口进行池化，得到的输出为 20×16×512 的特征图。

Conv6：首先利用 512 个 3×3×512 的卷积核对上一层 Conv5 的输出特征图进行卷积，滑动步长为 1 个像素，得到 20×16×512 的特征图。将得到的输出利用 ReLU 函数进行非线性映射，输出得到 20×16×512 的特征图。

Conv7：首先利用 512 个 3×3×512 的卷积核对上一层 Conv6 的输出特征图进行卷积，滑动步长为 1 个像素，得到 20×16×512 的特征图。将得到的输出利用 ReLU 函数进行非线性映射，输出得到 20×16×512 的特征图。

超像素池化：以上一层 Conv7 输出的图像卷积特征图作为输入，经超像素池化操作获取图像中 n 块超像素的卷积特征图 $1\times512\times n$（超像素的卷积特征图表达形式为 $1\times D\times n$，表示 n 块超像素中每块超像素的特征向量，特征向量的大小为 $1\times D$）

FC1：将超像素池化层得到的超像素卷积特征图作为输入，采用 128 个神经单元进行全连接并采用 ReLU 函数进行非线性映射，得到 n 块超像素的 128 个输出。

FC2：采用 16 个神经单元对全连接层 FC1 的输出进行全连接，并采用 logistic 函数进行非线性映射，得到 n 块超像素的 16 个输出。

FC3：采用 2 个神经单元对全连接层 FC2 的输出进行全连接，得到 n 块超像素的 2 个输出。

输出：全连接层 FC3 的 2 个输出节点，即 n 块超像素中心的回归深度值以及对应的尺度因子。

（2）超像素池化

所设计的 CNN 网络的输出是图像中每块超像素的深度值，但是该网络没有采用图像的超像素作为网络的输入，而是直接将原始图像作为网络的输入，经 7 个全卷积层后，利用超像素池化获得图像中超像素的卷积特征图，进而对超像素的卷积特征图进行处理得到最终的输出结果。由于每幅图像含有成百甚至上千的超像素，若直接利用图像中的超像素作为输入，需要大量的计算时间和内存空间。而所设计的 CNN 网络结构能够排除超像素中冗余的特征向量，不但可以减轻算法的计算负担，而且能够保证算法的精度不受影响。

超像素池化的作用是将图像的卷积特征图转换为图像中超像素的卷积特征图，该层的输入是卷积层 Conv7 输出的图像卷积特征图，输出是图像中 n 块超像素的卷积特征图。超像素池化的过程可以看成是对图像的卷积特征图采用最近邻插值法进行上采样后，再结合图像的超像素进行平均池化两个阶段，如图 5.3 所示。

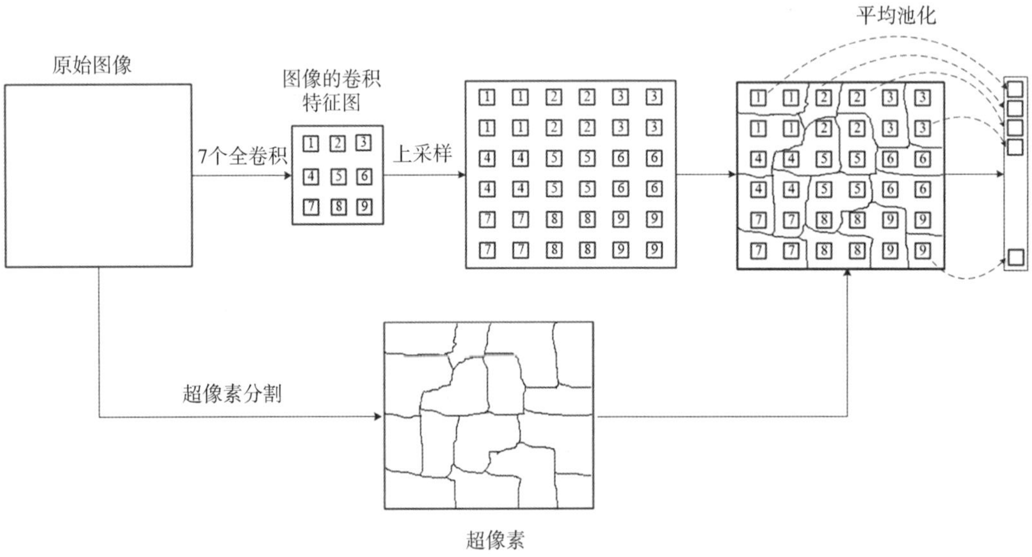

图 5.3　超像素池化过程

在实际计算过程中，图像卷积特征图的上采样过程可以等价于计算特征图中的特征向量在每个超像素中的频率。假设图像的卷积特征图用 $F \in \mathbf{R}^{H\times W\times D}$ 表示，其中 $H\times W$ 是特征图的图像大小，D 表示特征图的个数，F 中的每个元素为 $F_{ijk}(i=1,\cdots,H;j=1,\cdots,W;k=1,\cdots,D)$。用 $h \in \mathbf{R}^{1\times D\times n}$ 表示所有超像素（共 n 块）的卷积特征图，每块超像素的特征图为 D 维的列向量，$h_p \in \mathbf{R}^{1\times D}(p=1,\cdots,n)$ 表示第 p 块超像素的卷积特征图，$h_{pk}(k=1,\cdots,D)$ 为 h_p 中的元素。若用 $f_p \in \mathbf{R}^{H\times W}$ 表示图像卷积特征图中的特征向量落入超像素 p 中的频率，其中 f_{ijk} 为 f_p 中的每个元素，表示图像卷积特征图中的第（i，j）个特征向量在超像素 p 中的频率，则可以通过下式对超像素进行池化，得到超像素的卷积特征图。

$$h_{tk} = \sum_{(i,j)} f_{ijt} F_{ijk} \tag{5.6}$$

5.2.3　点对项

对于点对项的势能函数，考虑邻接超像素之间的相似性，并且结合物体的语义类别信息，考虑各类物体之间邻接超像素深度之间的关系，构造的点对项的势能函数结构如下：

$$\varphi(y_p,y_q,x;\beta,w)=\frac{1}{2}R_{pq}(y_p-y_q)^2+\frac{1}{2}w(l_p,l_q)(y_p-y_q)^2 \tag{5.7}$$

式（5.7）中项$\frac{1}{2}R_{pq}(y_p-y_q)^2$表示利用超像素的特征相似矩阵表达邻接超像素的深度一致性信息。其中R_{pq}为通过全连接层（图5.1）得到的点对项的输出，是采用邻接超像素的K个相似矩阵进行全连接得到的，计算公式为：

$$R_{pq}=\beta^{\mathrm{T}}[S_{pq}^{(1)},S_{pq}^{(2)},\cdots,S_{pq}^{(K)}]=\sum_{k=1}^{K}\beta^k S_{pq}^{(k)} \tag{5.8}$$

式中：$\beta=[\beta_1,\beta_2,\cdots,\beta_K]$为模型中需要学习的参数；$S_{pq}=[S_{pq}^{(1)},S_{pq}^{(2)},\cdots,S_{pq}^{(K)}]$表示邻接超像素$p$和$q$的相似矩阵。作者采用超像素的LUV颜色空间的颜色、颜色直方图以及局部二值模式（Local Binary Pattern，LBP）纹理3种图像特征构造邻接超像素的相似矩阵，假设$s_p^{(k)}$，$s_q^{(k)}(k=1,2,3)$分别为超像素p和q在LUV颜色空间中的颜色、颜色直方图或者LBP纹理的特征值，则两者的相似性$S_{pq}^{(k)}(k=1,2,3)$为：

$$S_{pq}^{(k)}=\mathrm{e}^{-\gamma\|s_p^{(k)}-s_q^{(k)}\|_2} \tag{5.9}$$

式中：$\|\cdot\|_2$表示向量的L2-norm；γ为常数因子。

式（5.7）中项$\frac{1}{2}w(l_p,l_q)(y_p-y_q)^2$利用超像素的语义类别信息关联邻接超像素之间的深度信息，约束同一物体或者不同物体之间的超像素的深度平滑性。其中l_p，l_q是超像素p和q所属的语义类别，$w(l_p,l_q)$是模型中需要学习的参数，表示邻接超像素p和q所属语义类别之间的语义权重信息。语义权重$w(l_p,l_q)$的值越大，邻接超像素p和q具有越高的深度平滑性。假设场景中语义类别的总数为C，则语义权重w为一个$C\times C$的矩阵，其中每个元素$w_{ij}(i=1,\cdots,C;j=1,\cdots,C)$表示语义类别$i$和$j$的权重，并且有$w_{ij}=w_{ji}$。

5.2.4 CRF损失函数

通过上述构造的单点项势能函数式（5.5）和点对项的势能函数式（5.7），可以得到基于超像素的点对CRF模型的势能函数。

$$E(y,x;\theta)=\sum_{p\in N}[y_p-z_p(\theta)]^2+\frac{1}{2}\sum_{(p,q)\in S}R_{pq}(y_p-y_q)^2+\frac{1}{2}\sum_{(p,q)\in S}w(l_p,l_q)(y_p-y_q)^2 \tag{5.10}$$

式中：$\theta=\{\theta,\beta,w\}$为模型的参数。

如式（5.1）所示，则利用CRF模型建立关于观察数据集x的条件概率分布为

$$P(y\mid x;\theta)=\frac{1}{Z(x,\theta)}\exp\{-E(y,x;\theta)\}$$

采用该条件概率分布的对数似然函数的负数作为整个网络的损失函数，即

$$\mathrm{Loss}=-\ln P(y\mid x;\theta)=-\log\left(\frac{1}{Z(x,\theta)}\exp\{-E(y,x;\theta)\}\right) \tag{5.11}$$

假设训练的图像样本数为N，并且加入模型参数$\theta=\{\theta,\beta,w\}$的正则化，则损失函

数可以写为：

$$\text{Loss} = -\ln\sum_{i=1}^{N} P[y^{(i)} \mid x^{(i)};\theta] + \frac{\lambda_1}{2}\|\theta\|_2^2 + \frac{\lambda_2}{2}\|\beta\|_2^2 + \frac{\lambda_3}{2}\|w\|_2^2 \tag{5.12}$$

式中：$x^{(i)}$、$y^{(i)}$分别代表第 i 幅训练图像和对应的深度图；λ_1，λ_2，λ_3 为对应的权重衰减参数。

5.3 模型学习与推断

5.3.1 模型学习

融合 CNN 与 CRF 的单像深度重建方法的流程如图 5.4 所示，在确定了整个模型（CNN-CRF 模型）的结构之后，接下来需要采用训练图像集对 CNN-CRF 模型进行学习得到该模型的参数 $\theta=\{\theta,\ \beta,\ w\}$。

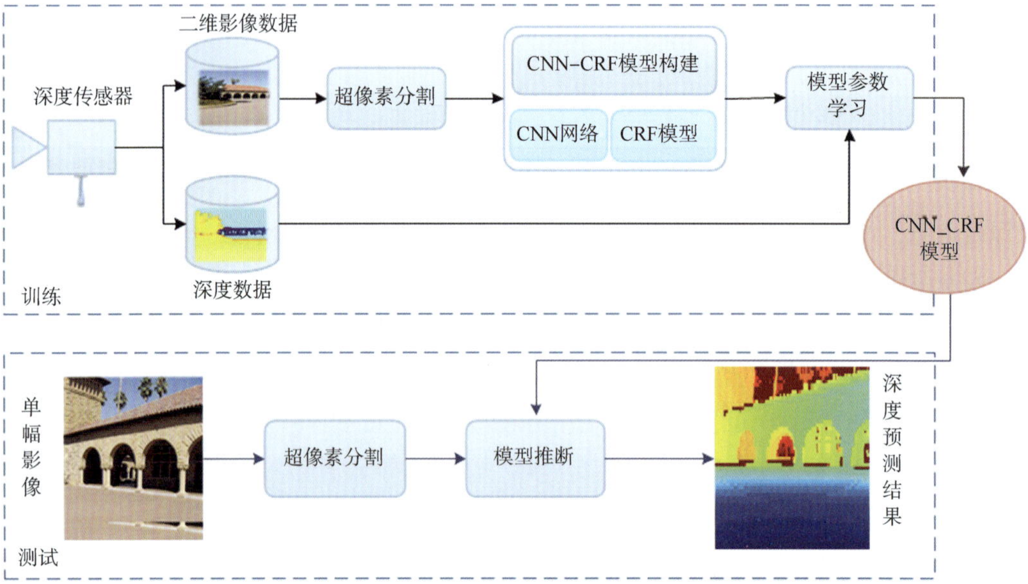

图 5.4　融合 CNN 与 CRF 的单像深度重建方法的流程

所构建的 CNN-CRF 模型是在一个统一的 CNN 网络中，可直接采用 BP 算法对该模型的参数 $\theta=\{\theta,\beta,w\}$ 进行学习，通过前向传播和误差反向传播两个阶段使损失函数式（5.12）达到最小。中间各层参数的梯度计算公式可参见第二章。对于超像素池化层，前向传播的计算如式（5.6）所示，输入为图像卷积特征图 F，输出为超像素卷积特征图 h，因此，根据式（5.6）可以得到反向误差传播过程中该式的梯度计算公式为：

$$\frac{\partial h_{tk}}{\partial F_{ijk}} = f_{ijk} \tag{5.13}$$

对于 CRF 损失层，给定一幅图像 I，假设 $x=[x_1,x_2,\cdots,x_n]^{\mathrm{T}}\in\mathbf{R}^n$ 表示图像分割得到的共 n 块超像素，并且对应的深度为 $y=[y_1,y_2,\cdots,y_n]^{\mathrm{T}}\in\mathbf{R}^n$。根据式（5.10），可知势能

函数可表达为：

$$E(y,x)=\sum_{p\in N}[y_p-z_p(\theta)]^2+\frac{1}{2}\sum_{(p,q)\in S}R_{pq}(y_p-y_q)^2+\frac{1}{2}\sum_{(p,q)\in S}w(l_p,l_q)(y_p-y_q)^2 \quad (5.14)$$

其中：

$$R_{pq}=\sum_{k=1}^{K}\beta^k S_{pq}^{(k)}(k=1,2,3)$$
$$z_p(\theta)=T_p s_p(\theta)+c_p(\theta)$$

式中：θ 为单点项中 CNN 网络的参数；$c(\theta)$、$s(\theta)$ 分别为单点项中 CNN 网络的两个输出节点（超像素中心的深度值以及对应的归一化尺度因子）；$z(\theta)$ 是通过超像素的归一化深度图 T 以及相应的 $c(\theta)$ 和 $s(\theta)$ 计算得到的超像素的深度图；$\beta=[\beta_1,\cdots,\beta_K]$ 为点对项中需要学习的参数；$\boldsymbol{w}\in\mathbf{R}^{C\times C}$（$C$ 为场景中语义类别的总数）表示两个超像素的语义权重，是点对项中另一个需要学习的参数。

对式（5.14）的势能函数 $E(y,x)$ 进行展开，可以得到：

$$E(y,x)=\sum_p y_p^2-2\sum_p y_p z_p+\sum_p z_p^2+\frac{1}{2}\sum_{pq}R_{pq}y_p^2-\sum_{pq}R_{pq}y_p y_q+\frac{1}{2}\sum_{pq}R_{pq}y_q^2+\frac{1}{2}\sum_{pq}w(l_p,l_q)y_p^2-\sum_{pq}w(l_p,l_q)y_p y_q+\frac{1}{2}\sum_{pq}w(l_p,l_q)y_q^2 \quad (5.15)$$

为计算方便，将 $\boldsymbol{w}\in\mathbf{R}^{C\times C}$ 进行扩展成一个 $n\times n$ 的矩阵 $\boldsymbol{w}\in\mathbf{R}^{n\times n}$，使得 $\boldsymbol{w}$ 中的每个元素表示邻接超像素 p 和 q 的语义权重 $\boldsymbol{w}(l_p, l_q)$，其中 l_p 和 l_p 分别为两块超像素所属的语义类别。需要注意的是 $\boldsymbol{w}\in\mathbf{R}^{n\times n}$ 中的未知参数没有改变。则式（5.15）可写为：

$$\begin{aligned}E(y,x)&=\sum_p y_p^2-2\sum_p y_p z_p+\sum_p z_p^2+\frac{1}{2}\sum_{pq}[R_{pq}+w(l_p,l_q)]y_p^2-\sum_{pq}[R_{pq}+w(l_p,l_q)]y_p y_q+\frac{1}{2}\sum_{pq}[R_{pq}+w(l_p,l_q)]y_q^2\\&=y^{\mathrm{T}}y-2z^{\mathrm{T}}y+z^{\mathrm{T}}z+y^{\mathrm{T}}\boldsymbol{D}y-y^{\mathrm{T}}\boldsymbol{Q}y\\&=y^{\mathrm{T}}(\boldsymbol{I}+\boldsymbol{D}-\boldsymbol{Q})y-2z^{\mathrm{T}}y+z^{\mathrm{T}}z\\&=y^{\mathrm{T}}\boldsymbol{A}y-2z^{\mathrm{T}}y+z^{\mathrm{T}}z\end{aligned} \quad (5.16)$$

式中：$\boldsymbol{A}=\boldsymbol{I}+\boldsymbol{D}-\boldsymbol{Q}$。其中，$\boldsymbol{I}$ 是一个 $n\times n$ 的单位矩阵，$\boldsymbol{D}$ 是一个 $n\times n$ 的对角矩阵，并且其中的对角元素 $D_{pp}=\sum_q(R_{pq}+w(l_p, l_q))$，$n\times n$ 的矩阵 $\boldsymbol{Q}$ 中的元素为 $Q_{pq}=R_{pq}+w(l_p, l_q)$。

由此，根据高斯积分公式，对配分函数 $Z(x)$ 进行计算可以得到：

$$Z(x)=\int_y \exp\{-E(y, x)\}\,\mathrm{d}y$$

$$
\begin{aligned}
&= \int_y \{\exp[-(y^{\mathrm{T}}\boldsymbol{A}y - 2z^{\mathrm{T}}y + z^{\mathrm{T}}z)]\}\,\mathrm{d}y \\
&= \int_y \{\exp(-y^{\mathrm{T}}\boldsymbol{A}y + 2z^{\mathrm{T}}y - z^{\mathrm{T}}z)\}\,\mathrm{d}y \\
&= \exp\{-z^{\mathrm{T}}z\}\int_y \{\exp(-y^{\mathrm{T}}\boldsymbol{A}y + 2z^{\mathrm{T}}y)\}\,\mathrm{d}y \\
&= \exp\{-z^{\mathrm{T}}z\}\sqrt{\frac{(2\pi)^n}{|2\boldsymbol{A}|}}\exp\{z^{\mathrm{T}}\boldsymbol{A}^{-1}z\} \\
&= \sqrt{\frac{(2\pi)^n}{|2\boldsymbol{A}|}}\exp\{-z^{\mathrm{T}}z + z^{\mathrm{T}}\boldsymbol{A}^{-1}z\} \\
&= \frac{\pi^{\frac{n}{2}}}{|A|^{\frac{1}{2}}}\exp\{-z^{\mathrm{T}}z + z^{\mathrm{T}}\boldsymbol{A}^{-1}z\}
\end{aligned}
\tag{5.17}
$$

式中：$|\boldsymbol{A}|$ 表示矩阵 $\boldsymbol{A}$ 的行列式；$\boldsymbol{A}^{-1}$是矩阵 $\boldsymbol{A}$ 的逆。

结合式（5.16）和式（5.17），条件概率分布式（5.1）可以写为：

$$
\begin{aligned}
P(y\mid x) &= \frac{1}{Z(x)}\exp\{-E(y,x)\} \\
&= \frac{|\boldsymbol{A}|^{\frac{1}{2}}}{\pi^{\frac{n}{2}}}\frac{1}{\exp\{-z^{\mathrm{T}}z+z^{\mathrm{T}}\boldsymbol{A}^{-1}z\}}\exp\{-y^{\mathrm{T}}\boldsymbol{A}y+2z^{\mathrm{T}}y-z^{\mathrm{T}}z\} \\
&= \frac{|\boldsymbol{A}|^{\frac{1}{2}}}{\pi^{\frac{n}{2}}}\exp\{-y^{\mathrm{T}}\boldsymbol{A}y+2z^{\mathrm{T}}y-z^{\mathrm{T}}\boldsymbol{A}^{-1}z\}
\end{aligned}
\tag{5.18}
$$

因此，将式（5.18）代入损失函数式（5.12）可以得到：

$$
\begin{aligned}
\mathrm{Loss} &= -\ln P(y\mid x;\theta) \\
&= -\ln\left(\frac{|\boldsymbol{A}|^{\frac{1}{2}}}{\pi^{\frac{n}{2}}}\exp\{-y^{\mathrm{T}}\boldsymbol{A}y+2z^{\mathrm{T}}y-z^{\mathrm{T}}A^{-1}z\}\right) \\
&= y^{\mathrm{T}}\boldsymbol{A}y-2z^{\mathrm{T}}y+z^{\mathrm{T}}\boldsymbol{A}^{-1}z-\log(|\boldsymbol{A}|^{\frac{1}{2}})+\ln(\pi^{\frac{n}{2}}) \\
&= y^{\mathrm{T}}\boldsymbol{A}y-2z^{\mathrm{T}}y+z^{\mathrm{T}}\boldsymbol{A}^{-1}z-\frac{1}{2}\log(|\boldsymbol{A}|)+\frac{n}{2}\ln(\pi)
\end{aligned}
\tag{5.19}
$$

因此，根据式（5.19）可以计算得到损失函数 Loss 关于模型参数 $\{\theta,\ \beta,\ w\}$ 的偏导。

对于单点项，需要计算损失函数 Loss 关于模型参数 θ 中每个元素 θ_l 的偏导。根据式（5.19）可以得到：

$$
\begin{aligned}
\frac{\partial \mathrm{Loss}}{\partial \theta_l} &= \frac{\partial\left\{y^{\mathrm{T}}\boldsymbol{A}y-2z^{\mathrm{T}}y+z^{\mathrm{T}}\boldsymbol{A}^{-1}z-\frac{1}{2}\ln(|\boldsymbol{A}|)+\frac{n}{2}\ln(\pi)\right\}}{\partial \theta_l} \\
&= \frac{\partial\{y^{\mathrm{T}}\boldsymbol{A}y-2z^{\mathrm{T}}y+z^{\mathrm{T}}\boldsymbol{A}^{-1}z\}}{\partial \theta_l} \\
&= \frac{\partial\{z^{\mathrm{T}}\boldsymbol{A}^{-1}z\}}{\partial \theta_l}-\frac{\partial\{-2z^{\mathrm{T}}y\}}{\partial \theta_l}
\end{aligned}
\tag{5.20}
$$

对上式进行展开可以得到：

$$\begin{aligned}\frac{\partial \mathrm{Loss}}{\partial \theta_l} &= \frac{\partial\left\{\sum\limits_{pq} z_p \boldsymbol{A}_{pq}^{-1} z_q\right\}}{\partial \theta_l} - \frac{\partial\left\{2\sum\limits_{p} z_p y_p\right\}}{\partial \theta_l} \\ &= \sum_{pq}\left(z_p \boldsymbol{A}_{pq}^{-1}\frac{\partial z_q}{\partial \theta_l} + z_q \boldsymbol{A}_{pq}^{-1}\frac{\partial z_p}{\partial \theta_l}\right) - 2\sum_p y_p \frac{\partial z_p}{\partial \theta_l} \\ &= \sum_{pq}\boldsymbol{A}_{pq}^{-1}\left(z_p\frac{\partial z_q}{\partial \theta_l} + z_q\frac{\partial z_p}{\partial \theta_l}\right) - 2\sum_p y_p \frac{\partial z_p}{\partial \theta_l}\end{aligned} \tag{5.21}$$

由于 $z_p(\theta)=t_p s_p(\theta)+c_p(\theta)$ 是由单点项的输出 s_p 和 c_p 确定的，因此有：

$$\frac{\partial z_p}{\partial \theta_l}=t_p\frac{\partial s_p}{\partial \theta_l}+\frac{\partial c_p}{\partial \theta_l} \tag{5.22}$$

结合式（5.21）和式（5.22）可以得到：

$$\begin{aligned}\frac{\partial \mathrm{Loss}}{\partial \theta_l} &= \sum_{pq}\boldsymbol{A}_{pq}^{-1}\left[z_p\left(t_q\frac{\partial s_q}{\partial \theta_l}+\frac{\partial c_q}{\partial \theta_l}\right)+z_q\left(t_p\frac{\partial s_p}{\partial \theta_l}+\frac{\partial c_p}{\partial \theta_l}\right)\right] - 2\sum_p y_p\left(t_p\frac{\partial s_p}{\partial \theta_l}+\frac{\partial c_p}{\partial \theta_l}\right) \\ &= \sum_{pq}\boldsymbol{A}_{pq}^{-1}\left(z_p t_q\frac{\partial s_q}{\partial \theta_l}+z_q t_p\frac{\partial s_p}{\partial \theta_l}\right) - 2\sum_p y_p t_p\frac{\partial s_p}{\partial \theta_l} \\ &\quad + \sum_{pq}\boldsymbol{A}_{pq}^{-1}\left(z_p\frac{\partial c_q}{\partial \theta_l}+z_q\frac{\partial c_p}{\partial \theta_l}\right) - 2\sum_p y_p\frac{\partial c_p}{\partial \theta_l} \\ &= 2z^{\mathrm{T}}\boldsymbol{A}^{-1}t\frac{\partial s}{\partial \theta_l} - 2y^{\mathrm{T}}t\frac{\partial s}{\partial \theta_l} + 2z^{\mathrm{T}}\boldsymbol{A}^{-1}\frac{\partial c}{\partial \theta_l} - 2y^{\mathrm{T}}\frac{\partial c}{\partial \theta_l} \\ &= 2(z^{\mathrm{T}}\boldsymbol{A}^{-1}t - y^{\mathrm{T}}t)\frac{\partial s}{\partial \theta_l} + 2(z^{\mathrm{T}}\boldsymbol{A}^{-1} - y^{\mathrm{T}})\frac{\partial c}{\partial \theta_l}\end{aligned} \tag{5.23}$$

对于点对项，需要分别计算损失函数 Loss 关于模型参数 β 中每个元素 β_k 的偏导和参数 $\boldsymbol{w}$ 中的每个元素 w_{ij}。根据式（5.19）可以得到：

$$\begin{aligned}\frac{\partial \mathrm{Loss}}{\partial \beta_k} &= \frac{\partial\left\{y^{\mathrm{T}}\boldsymbol{A}y-2z^{\mathrm{T}}y+z^{\mathrm{T}}\boldsymbol{A}^{-1}z-\frac{1}{2}\ln(|\boldsymbol{A}|)+\frac{n}{2}\ln(\pi)\right\}}{\partial \beta_k} \\ &= \frac{\partial\left\{y^{\mathrm{T}}\boldsymbol{A}y+z^{\mathrm{T}}\boldsymbol{A}^{-1}z-\frac{1}{2}\ln(|\boldsymbol{A}|)\right\}}{\partial \beta_k}\end{aligned}$$

即

$$\frac{\partial \mathrm{Loss}}{\partial \beta_k}=y^{\mathrm{T}}\frac{\partial \boldsymbol{A}}{\partial \beta_k}y-z^{\mathrm{T}}\boldsymbol{A}^{-1}\frac{\partial \boldsymbol{A}}{\partial \beta_k}\boldsymbol{A}^{-1}z-\frac{1}{2|\boldsymbol{A}|}\frac{\partial \boldsymbol{A}}{\partial \beta_k} \tag{5.24}$$

由于 $\boldsymbol{A}=\boldsymbol{I}+\boldsymbol{D}-\boldsymbol{Q}$，并且 $D_{pp}=\sum\limits_q\left[R_{pq}+w(l_p,l_q)\right]$，$Q_{pq}=R_{pq}+w(l_p,l_q)$，因此可以得到：

$$\begin{aligned}\frac{\partial A_{pq}}{\partial \beta_k} &= \frac{\partial(D_{pq}-Q_{pq})}{\partial \beta_k}=\frac{\partial D_{pq}}{\partial \beta_k}-\frac{\partial\left[R_{pq}+w(l_p,l_q)\right]}{\partial \beta_k} \\ &= \frac{\partial D_{pq}}{\partial \beta_k}-\frac{\partial R_{pq}}{\partial \beta_k}\end{aligned} \tag{5.25}$$

因为 $R_{pq}=\beta^{\mathrm{T}}[S_{pq}^{(1)}, S_{pq}^{(2)}, \cdots, S_{pq}^{(K)}]=\sum_{k=1}^{K}\beta^{k}S_{pq}^{(k)}$，因此有 $\frac{\partial R_{pq}}{\partial \beta_k}=S_{pq}^{(k)}$，则式（5.25）就可以变为：

$$\frac{\partial \boldsymbol{A}_{pq}}{\partial \beta_k}=-S_{pq}^{(k)}+1\{p=q\}\sum_{q}S_{pq}^{(k)} \tag{5.26}$$

式中：$1\{p=q\}$ 是示性函数，当 $p=q$ 时，值为 1，否则，值为 0.

类似地，可以得到损失函数 Loss 关于参数 $\boldsymbol{w}$ 的偏导：

$$\begin{aligned}\frac{\partial \mathrm{Loss}}{\partial w_{ij}}&=\frac{\partial\left\{y^{\mathrm{T}}\boldsymbol{A}y-2z^{\mathrm{T}}y+z^{\mathrm{T}}\boldsymbol{A}^{-1}z-\frac{1}{2}\log(|\boldsymbol{A}|)+\frac{n}{2}\log(\pi)\right\}}{\partial w_{ij}}\\&=y^{\mathrm{T}}\frac{\partial \boldsymbol{A}}{\partial w_{ij}}y-z^{\mathrm{T}}A^{-1}\frac{\partial \boldsymbol{A}}{\partial w_{ij}}\boldsymbol{A}^{-1}z-\frac{1}{2|\boldsymbol{A}|}\frac{\partial \boldsymbol{A}}{\partial w_{ij}}\end{aligned} \tag{5.27}$$

综合上述分析，可以得到损失函数 Loss 的梯度计算公式为式（5.23）、式（5.24）和式（5.27）。

5.3.2 模型推断

如图 5.4 所示，通过训练图像样本集的学习得到 CNN-CRF 模型的参数 $\theta=\{\theta, \beta, w\}$ 之后，结合第 3 章和第 4 章得到的图像语义分割结果以及超像素的归一化深度图，就可以利用该模型预测未知图像的深度图。对于一幅新的图像，可以采用 MAP 推断（式（5.3）得到其所对应的深度图。即

$$y^{*}=\underset{y}{\operatorname{argmax}}P(y\mid x;\theta)=\underset{y}{\operatorname{argmax}}\ln P(y\mid x;\theta) \tag{5.28}$$

根据式（5.19）可以得到：

$$\begin{aligned}y^{*}&=\underset{y}{\operatorname{argmax}}\left\{-\left[y^{\mathrm{T}}\boldsymbol{A}y-2z^{\mathrm{T}}y+z^{\mathrm{T}}\boldsymbol{A}^{-1}z-\frac{1}{2}\ln(|\boldsymbol{A}|)+\frac{n}{2}\ln(\pi)\right]\right\}\\&=\underset{y}{\operatorname{argmax}}(-y^{\mathrm{T}}\boldsymbol{A}y+2z^{\mathrm{T}}y)\end{aligned} \tag{5.29}$$

理论上真值 y 是函数 $-y^{\mathrm{T}}\boldsymbol{A}y+2z^{\mathrm{T}}y$ 的极大值，因此该函数 $-y^{\mathrm{T}}\boldsymbol{A}y+2z^{\mathrm{T}}y$ 关于 y 的偏导为 0，即

$$\frac{\partial(-y^{\mathrm{T}}\boldsymbol{A}y+2z^{\mathrm{T}}y)}{\partial y}=0 \tag{5.30}$$

由于

$$\frac{\partial(-y^{\mathrm{T}}\boldsymbol{A}y+2z^{\mathrm{T}}y)}{\partial y}=-2\boldsymbol{A}y+2z=0 \tag{5.31}$$

则有 $y=\boldsymbol{A}^{-1}z$。

因此，式（5.29）中 y^{*} 的 MAP 推断可以直接进行求解，有：

$$y^{*}=\boldsymbol{A}^{-1}z \tag{5.32}$$

其中 $z=ts+c$。

因此，对于一幅新的图像，经 CNN 网络得到单点项的输出和点对项的输出之后，可以直接通过式（5.32）计算该图像对应的深度图。

5.4 实验设计与结果

5.4.1 实验设计

为验证方法的有效性及可靠性，采用 Make3D 数据集对所提的 CNN-CRF 模型进行学习与测试。

实验中采用 Make3D 数据集中的 400 幅 320×240 像素大小的训练图像以及对应的深度图和语义标注图对所设计的 CNN-CRF 模型的参数进行学习。与文献［29］［86］［97］中类似，为强调学习过程中的乘积误差而不是加性误差，在学习之前，将所有的深度图转换至 lg 尺度中。在学习时，采用基于 SLIC 的方法对图像进行超像素分割获取图像的超像素，并且通过归一化处理获取每块超像素的归一化深度图（如第 4 章所示）。训练时，采用 SGD 算法解决损失函数式（5.12）的最小值优化问题，各种参数的设置如下：冲量设为 0.9，权重衰减参数 λ_1，λ_2，λ_3 均设为 0.0005，开始时学习率设置为 0.001，并且每学习 10 次将学习率降为原来的 0.5 倍。单点项的 CNN 网络中的前 5 层（图 5.2）的权值和偏置的初始值采用 Chatfield 等[167]训练得到的 CNN-S 模型的参数。单点项的 CNN 网络中其他卷积层和全连接层使用标准差为 0.01 的随机数作为其参数的初始值，点对项中式（5.9）中的常数 γ 设为 0.1。在实际场景中，天空距离摄像机的拍摄距离远远大于其他物体，可近似认为无限远，因此，在深度重建过程中，可以直接赋予一个极大值作为天空区域的深度值。

通过学习得到 CNN-CRF 模型的参数之后，采用 Make3D 数据库中的 134 幅图像进行测试。在实验中，采用第 3 章所用方法对测试图像进行图像语义分割获取每块超像素所属的语义类别，并采用第 4 章所用深度模板预测方法判断每块超像素所属的深度模板，得到每块超像素的相对深度变化趋势。结合超像素的语义类别和相对深度变化趋势信息，采用该 CNN-CRF 模型预测测试图像的深度图。

5.4.2 算法评价标准

采用相对误差、均方误差以及在 lg 尺度下的平均误差这几种精度评价因子从不同的方面对深度重建结果的精度进行定量的评价。假设图像中像素点 i 的真实深度值为 d_i，预测得到的深度值为 d_i^*，T 表示测试图像中的像素点的总数量，则：

1）相对误差（Rel）：$\frac{1}{T}\sum_{i \in T}\frac{|d_i - d_i^*|}{d_i}$；

2）均方根误差（Rmse）：$\sqrt{\frac{1}{T}\sum_{i \in T}(d_i - d_i^*)^2}$；

3）lg 尺度的平均误差（lg）：$\frac{1}{T}\sum_{i \in T}|\lg(d_i) - \lg(d_i^*)|$。

受激光扫描设备的感知范围以及分辨率的限制，Make3D 数据集的深度范围限制在 0~81m，并且远于 81m 的像素深度均标记为 81m。因此，如文献［88］一样，作者采用两种不同的标准计算误差：①采用图像中真实值在 70m 以内的所有像素点参与误差的计算（为方便起见，简称为 C1 Error）；②采用整幅图像的所有像素点参与误差的计算（简称为 C2 Error）。

5.4.3 实验结果

采用不同的深度重建方法与作者所用的方法进行比较，并且对约束信息（图像语义类别约束信息和局部区域的相对深度变化趋势）的有效性以及各类物体的深度重建误差进行分析。

（1）约束信息的有效性

作者所用方法结合了图像的语义类别信息和局部区域的相对深度变化趋势，为验证约束信息对深度重建的有效性，文中分别采用无约束、仅语义类别约束、仅深度模板约束以及 CNN-Eucli 几种不同的方式与所提方法进行比较。

1）无约束：在 CNN-CRF 模型中不加入超像素的归一化深度图和图像的语义类别约束，单点项的输出仅为每块超像素中心的深度值。

2）仅语义类别约束：在点对项中加入图像的语义类别约束信息，但是单点项不融入超像素的归一化深度图，单点项的输出为每块超像素中心的深度值。

3）仅深度模板约束：在单点项中融入超像素的归一化深度图，但是在点对项中不加入图像的语义类别约束信息，单点项的输出为每块超像素中心的深度值以及其归一化尺度因子。

4）CNN-Eucli：为验证所提方法融入的 CRF 模型对深度重建结果的影响，作者采用欧式损失函数（超像素中心的回归深度值与其真实深度值之间的欧式距离）代替 CNN-CRF 模型中的 CRF 损失函数，此时 CNN-CRF 模型退化成为一个 CNN 回归模型（称为 CNN-Eucli），无法包含点对项。

不同约束下的深度重建误差如表 5.2 所示。从表 5.2 可以看出，相比无约束和单个约束，所提方法在图像语义类别和局部区域的相对深度变化趋势的约束下，并融合点对 CRF 模型，能够有效地降低深度重建的误差。

表 5.2 不同约束下的深度重建误差

方法	C1 Error			C2 Error		
	Rel	lg/m	Rmse/m	Rel	lg/m	Rmse/m
CNN-Eucli	0. 366	0. 137	8. 63	0. 363	0. 148	14. 41
无约束	0. 312	0. 113	9. 10	0. 305	0. 120	13. 24
仅语义类别约束	0. 291	0. 109	8. 74	0. 287	0. 114	12. 10
仅深度模板约束	0. 295	0. 105	8. 53	0. 291	0. 109	11. 95
所提方法	0. 260	0. 092	7. 16	0. 245	0. 103	10. 07

作者所用方法采用邻接超像素的语义权重通过超像素所属的语义类别信息关联邻接超像素之间的深度信息。两类物体之间的语义权重值越大，他们的邻接超像素的深度具有越

高的平滑性。通过学习得到的物体的语义权重如表5.3所示。语义权重值为0，说明两种语义类别的物体之间的深度平滑性为0，如天空和水面。从表5.3可以看出道路和建筑物或者前景物等物体的邻接超像素具有较高的语义权重，而天空与其他类别的物体的邻接超像素的语义权重较低。

表5.3 邻接超像素的语义权重

	天空	树木	道路	草地	水	建筑物	山	前景物
天空	1	0.47	0.36	0.32	0	0.53	0.30	0.38
树木	0.47	1	0.82	0.68	0.31	0.68	0.77	0.62
道路	0.36	0.82	1	0.88	0.93	0.85	0.79	0.83
草地	0.32	0.68	0.88	1	0.39	0.75	0.87	0.81
水	0	0.48	0.93	0.39	1	0.52	0	0
建筑物	0.53	0.68	0.85	0.75	0.52	1	0.81	0.69
山	0.30	0.77	0.79	0.87	0	0.81	1	0.73
前景物	0.38	0.62	0.83	0.81	0	0.69	0.73	0.78

图5.5是Make3D数据集中部分测试图像通过无约束时和作者所用方法得到的深度重建的定性结果图。从图中可以看出作者所用方法通过融合图像语义类别、局部区域的相对深度变化趋势信息，以及点对CRF模型能够获得较为精确的深度图。

（2）不同方法的深度重建结果与比较

为验证作者所用方法的有效性，作者采用以下几种目前效果较好的深度重建方法与作者所用方法进行比较。

1）SMRF[29]：是Saxena等[29]提出的一种深度重建方法，采用人工显式地提取的颜色、纹理（纹理变化和纹理梯度）等图像特征通过基于超像素的多尺度MRF模型建立特征向量与图像深度之间的关系，预测每块超像素的深度值。

2）SLabeling[86]：Liu等[86]在Saxena等[29]方法的基础上进行改进，采用物体的语义类别信息指导图像的3D重建。

3）Depth Transfer[178]：一种无参数的图像深度估计算法。首先根据场景的相似性从样本数据库中寻找与待估计图像最相似的一些图像作为候选图像，然后将候选图像及对应的深度图利用稠密sift流进行转换得到待估计图像的深度图。

4）DC CRF[88]：采用离散-连续的CRF模型对场景的深度进行估计。利用连续的变量表达图斑的深度，使用离散变量对邻近图斑进行表达，利用离散-连续的CRF建立概率模型估计场景的深度信息。

SMRF[29]，SLabeling[86]，Depth Transfer[178]，DC CRF[88]以及作者所用方法在Make3D数据中的深度重建结果的误差如表5.4所示。从表5.4可以看出，较之其他深度重建方法，作者所用方法能够获得更有效的深度重建结果。

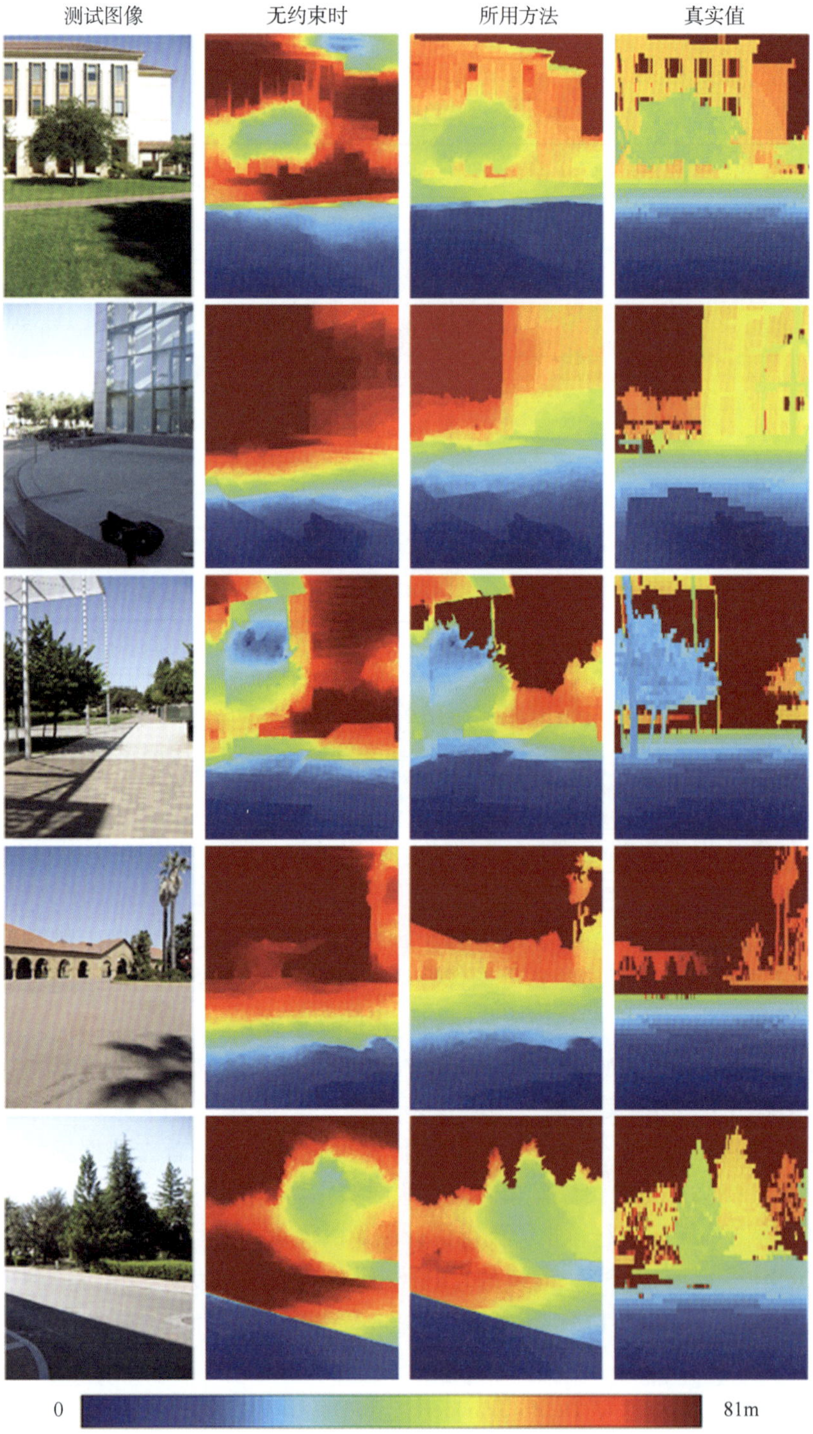

图 5.5　无约束时和所提方法的结果图

表 5.4　不同方法的深度重建误差

方法	C1 Error			C2 Error		
	Rel	lg/m	Rmse/m	Rel	lg/m	Rmse/m
SMRF[29]	—	—	—	0.370	0.187	—
SLabeling[86]	—	—	—	0.379	0.148	—
Depth Transfer[178]	0.355	0.127	9.20	0.361	0.148	15.10
DC CRF[88]	0.335	0.137	9.49	0.338	0.134	12.60
作者所用方法	0.260	0.092	7.16	0.245	0.103	10.07

图 5.6 显示了 Make3D 数据集中部分测试图像通过 Depth Transfer[178] 和作者所用方法得到的深度图，从图中可以看出作者所用方法得到的深度图较精确。更多作者所用方法对 Make3D 测试图像集的深度重建结果请参见附录 B。

（3）各类物体的深度重建误差

采用均方根误差（即 C2 Error 中的均方根误差 Rmse）作为误差度量标准，分别计算各类物体（天空、树木、道路、草地、水、建筑物、山和前景物）的深度重建误差，并且利用无约束时的重建误差、Depth Transfer[178] 的重建误差与作者所用方法重建的结果进行比较。三种不同方法中各类物体的深度重建误差如图 5.7 所示。从图中可以看出，作者所用方法得到的深度结果中各类物体的深度重建精度均有所提高。图 5.8 为作者所用方法中各类物体的深度的均方根误差。从图中可知，道路和草地的误差较小，而相对而言，建筑物和前景物等物体的深度重建误差较大。

此外，通过作者所用方法对一些不是 Make3D 数据集中的图像，而是来源于网上的图片（主要是采用 Stanford University、油画、自然场景等关键词在 Google 图片搜索引擎中进行搜索所获）进行深度重建，得到的结果如图 5.9 和 5.10 所示。从图中可以看出，作者所用方法对这些图像也能够获得较好的深度重建效果。

在获得深度图之后，利用一幅 2D 图像和它对应的深度图，就可以实现 2D 到 3D 的转换。运用基于深度图像绘制（Depth Image Based Rendering，DIBR）技术，将原始图像作为左视图，结合对应的深度图，生成右视图，则合成的右视图与原始图像存在视差，将这两幅图像进行合成即能够生成对应的立体图像。对 Make3D 数据集中的测试图像，利用作者所用方法获得的深度图生成的立体图像如图 5.11 所示。立体图像采用了红青图格式显示，通过佩戴红青眼镜就可以观察到立体效果。

在得到场景的深度图后，根据摄影测量原理，结合摄像机的内方位元素，就可以获取得到对应的三维点云信息。对 Make3D 数据集中的测试图像，利用作者所用方法获得的深度图得到的对应点云信息如图 5.11 所示，在实验中摄像机的内方位元素由图像的 Exif 文件提供。图 5.11 中分别显示了原始图像、基于深度图恢复的立体图像和点云数据。

图 5.6　深度重建的定性结果图

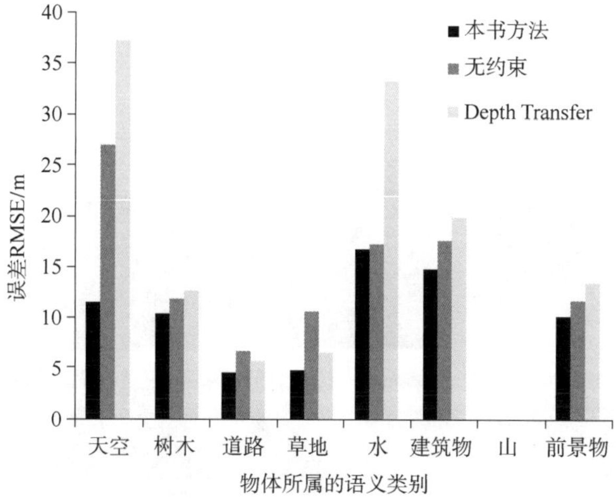

图 5.7　不同方法中各类物体的深度重建误差

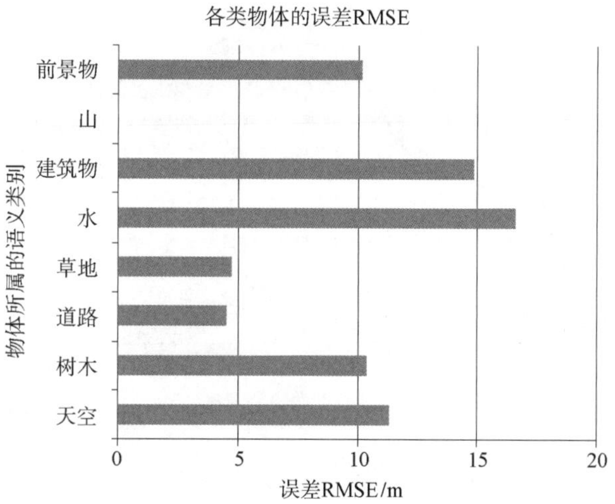

图 5.8　作者所用方法中各类物体的深度重建误差

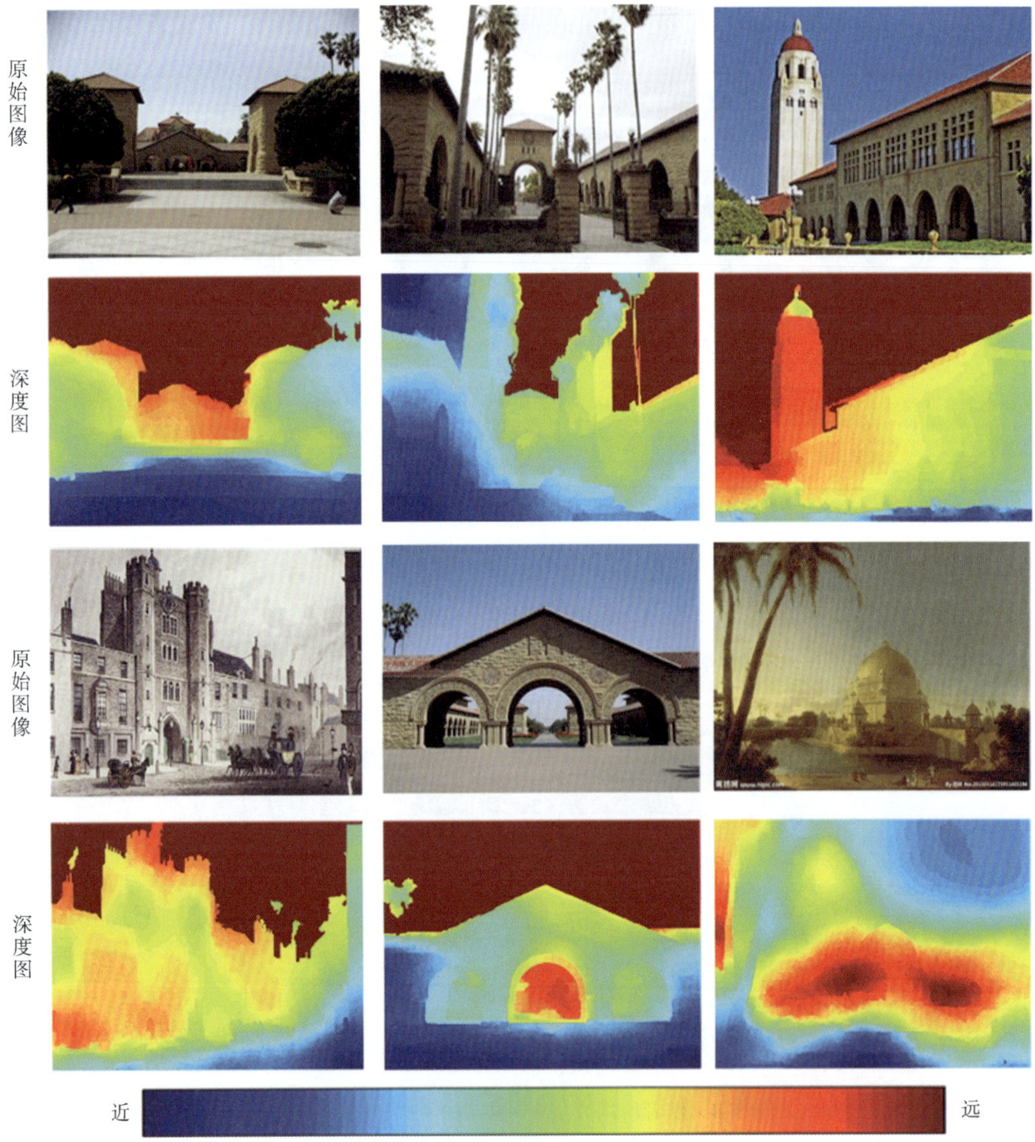

图 5.9　来源于网上的图像的深度重建结果 1

图 5.10　来源于网上的图像的深度重建结果 2

（a）原始图像　（b）立体图像　（c）三维点云

（d）原始图像　（e）立体图像　（f）三维点云

图 5.11　基于深度图恢复的立体图像和点云

5.5　分析与讨论

对以上实验结果进行分析，可知：

1）表 5.2 和图 5.5 展现了各种约束信息的有效性。从表 5.2 中对各种约束信息的实验结果可以看出：①仅语义类别约束时的深度重建误差低于无约束时的重建误差，表明了图像的语义类别约束能够有助于图像的深度重建。②同样，仅深度模板约束时的深度重建结果优于无约束时的重建结果，说明了深度模板对图像深度重建的有效性。③在无语义类别和深度模板约束的情况下，相比于无约束时的深度重建结果，CNN-Eucli 的深度重建效果较差，这主要是因为 CNN-Eucli 采用欧式距离作为损失层的损失函数，而无约束时的方法与作者所用方法类似，融入了 CRF 模型，采用点对 CRF 模型作为损失层的损失函数，考虑了邻接超像素之间的深度关联性，因此表明了点对 CRF 模型的有效性。作者所用方法融入图像的语义类别信息和局部区域的相对深度变化趋势信息，并且融合 CNN 与连续的点对 CRF 模型，利用点对 CRF 模型和图像的语义类别信息考虑邻接超像素的深度平滑性，采用局部区域的相对深度变化趋势获取较为详细的细节信息。因此，相比于无约束或者单个约束时，作者所用方法能够获得较满意的深度重建结果。从图 5.5 中的定量结果可以看出，作者所用方法恢复的深度图中物体之间的深度具有较好的一致性约束，并且恢复的深度图具有更精确的场景结构和较详细的细节信息。因此，作者所用方法能够重建得到较为精确的场景结构和物体边界。

2）从表 5.4 可以看出，与已有的几种单像深度重建方法（SMRF[29]，SLabeling[86]，Depth Transfer[178]，DC CRF[88]）方法相比，作者所用方法的深度重建误差更小，能够获得更满意的深度重建结果。究其原因，主要有：①已有的四种方法采用了不同的技术完成单幅影像的深度重建，但是都需要预先根据人工经验显式地提取与深度模型相关的图像特征，SMRF[29]提取超像素的颜色、纹理变化和梯度以及超像素的形状和位置建立特征向量，Depth Transfer[178]采用 Gist 特征和 sift 进行图像匹配，DC CRF[88]利用 Gist，PHOG 和 Object Bank 特征完成最近邻搜索。不同的图像特征具有不同的性质，能够刻画不同的图像信息，采用人工显式的方法无法提取图像中的所有特征表达场景的深度，从而限制了深度恢复的精度。相反，作者所用方法采用深层次的 CNN 模型自动地学习得到图像特征，无须人工显式地提取图像特征，而是自动地逐层从图像中学习得到与场景深度信息相关的有用特征，因此能够获得较有效的深度重建结果。②作者所用方法利用图像的语义类别信息和点对 CRF 模型，建立邻接超像素之间的深度关系，保证邻接超像素之间的深度一致性。此外，作者所用方法通过物体的深度模板获取局部区域的相对深度变化趋势，以获取较详细的局部结构信息。而已有的几种方法并未完全考虑这些约束信息，因此作者所用方法获得深度重建精度更高。图 5.6 的定性结果中也展现了作者所用方法获得的深度图具有更精确的场景结构和边界信息。

3）从图 5.7 不同方法中各类物体的深度重建误差中可知，与无约束时和 Depth Transfer 方法相比，作者所用方法对各类物体的深度重建均具有较好的表现力，由此也进一步证明了作者所用方法的有效性。从图 5.8 的作者所用方法中各类物体的深度误差可以看出，由于道路和草地的结构较简单，深度重建误差较小，而建筑物、前景物、树木等物体的结构比较复杂，深度重建的误差相对来说较大。但是与其他方法相比，作者所用方法融入了局部区域的相对深度变化趋势信息，能够获得较多的细节信息。因此作者所用方法不仅能对结构简单的物体进行有效的深度重建，对结构相对复杂的物体亦能够获得更满意的深度重建结果。

4）在得到深度图之后，可以进一步获得对应的点云数据或者生成立体图像，从图 5.11中可以看出，利用作者所用方法重建得到的深度图获得的对应点云和立体图像效果较好。

综合分析，文中所用的深度重建方法能够获得较有效的深度重建结果。不同约束条件下的深度重建实验结果验证了图像的语义类别和局部区域的相对深度变化趋势信息对深度重建的有效性，以及融合 CRF 模型的有效性。与目前效果较好的几种方法相比，作者所用方法对深度重建具有较好的表现力，重建得到的深度图具有更精确的场景结构和边界信息。此外，对各类物体的深度重建误差分析结果表明作者所用方法对结构简单的物体如道路、草地和结构较复杂的物体如建筑物、前景物均能够进行较精确地深度重建。通过作者所用方法获得的深度图能够较好地生成立体图像和恢复对应场景的点云信息。

5.6 小　　结

图像的语义类别信息和图像中局部区域的相对深度变化趋势是深度重建中非常有用的

深度线索，能够为场景的深度重建提供有力的支撑。本章在前两章的基础上，结合图像的语义类别信息和局部区域的相对深度变化趋势信息，设计了一种融合 CNN 与点对 CRF 模型的单像深度重建方法，并利用 Make3D 数据集对作者所用方法进行了详细的实验验证和分析。实验结果表明：①较之其他方法，作者所用方法结合了图像的语义类别信息和局部区域的相对深度变化趋势约束，能够有效地提高深度重建结果的精度。②作者所用方法结合 CNN 与点对 CRF 模型，将两者统一在一个 CNN 框架中，无须采用任何近似估计算法进行求解，并且通过点对 CRF 模型进一步考虑了邻接超像素之间深度的平滑性，能够获得较满意的深度重建效果。③作者所用方法对结构简单或者复杂的各类物体均能够进行有效的深度重建。实验结果验证了作者所用方法能够对单幅图像进行有效的深度重建，获得更精确的场景结构和物体边界，通过所获取的深度图能够较好地恢复对应的点云数据。

综合分析，本章融合深层次的 CNN 与点对 CRF 模型，并综合考虑了图像的语义类别和局部区域的相对深度变化趋势信息对深度重建结果的影响。本章提出的单像深度重建方法的主要特点有：

1）采用一种融合 CNN 和连续 CRF 模型对场景的深度进行重建。设计一种深层次的 CNN 模型获取图像中的有用特征对场景的深度进行表达，无须人工显式地提取特征；采用连续的点对 CRF 模型建立超像素以及邻接超像素与场景深度之间的关系，保证超像素之间深度的平滑性和一致性，并且能够直接对 MAP 推断进行求解而不需要采用任何的近似估计算法。

2）采用点对 CRF 模型构造 CNN 网络的损失函数，整个模型将 CNN 网络与 CRF 统一在一个 CNN 框架中，可以直接采用误差反向传播算法进行学习得到模型的参数，无须分别对 CNN 网络和 CRF 进行学习。

3）将图像的语义类别信息以及局部区域的相对深度变化趋势融合在模型中。通过图像的语义类别信息考虑了物体中邻接超像素之间的深度平滑性，消除物体之间的深度歧义，图像中局部区域的相对深度变化趋势提供了更多的细节信息，获取更详细的局部结构和边界信息，重建更为精确地场景的三维结构。

第6章 结 论

发展突破影像数目、影像匹配等束缚的单幅影像的三维重建是GIS、摄影测量和计算机视觉等领域中的一个重要研究命题。本书主要以单幅近景影像为研究对象，结合卷积神经网络（CNN）的优势，从图像中挖掘场景中隐含的语义、局部细节信息，并结合图像的语义类别和局部区域的相对深度变化趋势信息，实现基于单幅影像的深度重建，达到提高深度重建精度的目的。主要的研究工作如下：

（1）研究基础的梳理

分析总结了目前基于单幅影像深度重建方法的研究现状，深入地了解了不确定性视觉问题的描述与求解方法，并分析了基于机器学习的单像深度重建方法的主要思路。详细地阐述了深度学习的相关理论以及CNN的基本原理和学习过程，在此基础上，本书借助CNN自动学习影像特征的优势，后续从图像的语义分割、深度模板的构建与预测以及单像深度重建三个方面展开研究。

（2）图像语义分割

图像的语义类别信息具有很强的几何意义，有助于消除物体之间的深度歧义。分析总结了现有的图像语义分割技术，阐述了图像的语义类别信息在深度重建中的重要作用。物体的上下文关系是一类重要的特征，有助于提升图像语义分割的性能，并且CNN网络的输入将影响分割结果的精度。为考虑物体的上下文关系和CNN网络的输入问题，本书以超像素为处理单元，结合多尺度技术和CNN模型，提出了一种基于多尺度CNN的图像语义分割方法。通过真实图像数据集对方法进行了验证与分析，实验结果表明，作者所用方法可以有效地提高图像语义的分割精度。

（3）深度模板构建与预测

局部区域的细节信息为恢复更为详细的场景结构提供了有力的支撑，阐述了局部区域的相对深度变化趋势在深度重建中的重要作用。为恢复场景的结构和物体边界，结合图像的语义类别和深度信息，构建了每类物体的深度模板。在此基础上，设计了一种CNN模型对深度模板进行预测，实现了对物体中未知局部区域的相对深度变化趋势的估计。通过实验进行了验证与分析，实验结果表明，作者所用方法能够有效地获取图像中局部区域的所属的深度模板，也就是局部区域的相对深度变化趋势。

（4）单像深度重建

在充分考虑场景的全局和局部结构，结合图像的语义类别和局部区域的相对深度变化趋势信息的约束下，提出了一种基于融合深层次的CNN和点对CRF模型的单像深度重建方法。方法利用图像的语义类别信息和点对CRF模型获取图像的连续深度值，采用局部区域的相对深度变化趋势获取图像局部更为详细的结构信息，并且将点对CRF模型作为CNN模型中损失层的损失函数，将CNN和点对CRF统一在一个CNN框架中，直接采用反向传播算法即可完成模型参数的学习。通过实验验证了作者所用方法的有效性。实验结果表明，作者所用方法在约束条件下能够有效地提高单像深度重建的精度，恢复更为可靠和精确的场景结构，并且能够有效地恢复场景的点云信息。

本书立足于单幅影像的深度重建，主要研究工作包括图像的语义分割、深度模板的构建与预测以及单像深度重建，在一定程度上解决了单幅影像的三维重建问题。但深感研究中仍存在很多不足，还有很多工作需要深入研究和完善。在后续研究中将主要从以下几个方面展开：

（1）基于深度图的三维模型构建

深度图描述了场景中各点到摄像机的距离信息，能够直接反映场景中景物的三维信息。但是与三维模型相比，深度图对场景中景物的立体显示仍然不够直观、形象。基于深度图的三维模型构建方法有很多，不同的方法具有不同的特点，选择何种技术和方法生成对应场景的三维模型非常重要。因此，有必要研究如何精确地、有效地从深度图生成逼近真实场景的三维模型，提供更直观且精确的三维模型。

（2）单视图与多视图的三维重建的结合

从单幅图像出发恢复的三维模型由于缺乏足够的数据可能不足以表达整个场景的结构。给定一个场景的多幅影像，可以利用运动推断结构（Structure from Motion，SFM）等技术重建场景的三维结构。但是当影像之间的基线距离过小时，重建时的不确定区域越大，而当基线距离过大时，影像之间的重叠区域太少，无法进行匹配，从而无法正确地恢复场景的结构信息。若能够将基于单幅影像的三维重建和基于多幅影像的三维重建方法进行有效的融合，利用单像三维重建弥补传统摄影测量方法存在的不足，将大大提高场景重建的精度。为此，有必要研究如何将基于单幅图像的三维重建方法和传统摄影测量方法进行融合重建更精确、更大尺度的三维模型。

（3）单像深度重建质量的评价指标

在单像深度重建过程中，影响最终重建质量的因素很多，包括图像采集过程中受摄像机、拍摄时的天气、拍摄距离等的影响，各个环节中算法的计算过程带来的误差。以往的研究方法大多集中在如何从单幅图像中挖掘更多的线索实现场景的三维重构，而很少深入的分析误差的影响因素，没有一个统一的单像深度重建质量评价标准。作者通过图像的真实深度值完成对不同方法的比较，然而当没有真实值时，如何评价重建的质量是一个问题。因此，需要深入分析重建过程中的误差影响因素，给出一个客观、准确和统一的质量评价标准。

（4）无监督的特征学习

作者采用已标记的训练数据集对 CNN 模型进行有监督的特征学习，能够获得较满意的结果，但是真实数据的获取如图像的语义标注，仍然需要大量的人工操作，此外实际场景中存在大量的无标记的数据未被利用。为提高方法的精度，扩展方法的普适性，有必要研究无监督的特征学习方法，仅以无标记的训练数据作为网络的输入，实现图像语义分割、深度重建等任务。

附录 A

Make3D 数据集中测试图像的语义分割结果，分别为原始图像、采用基于多尺度 CNN 的图像语义分割方法得到的语义标注图以及真实标注图。

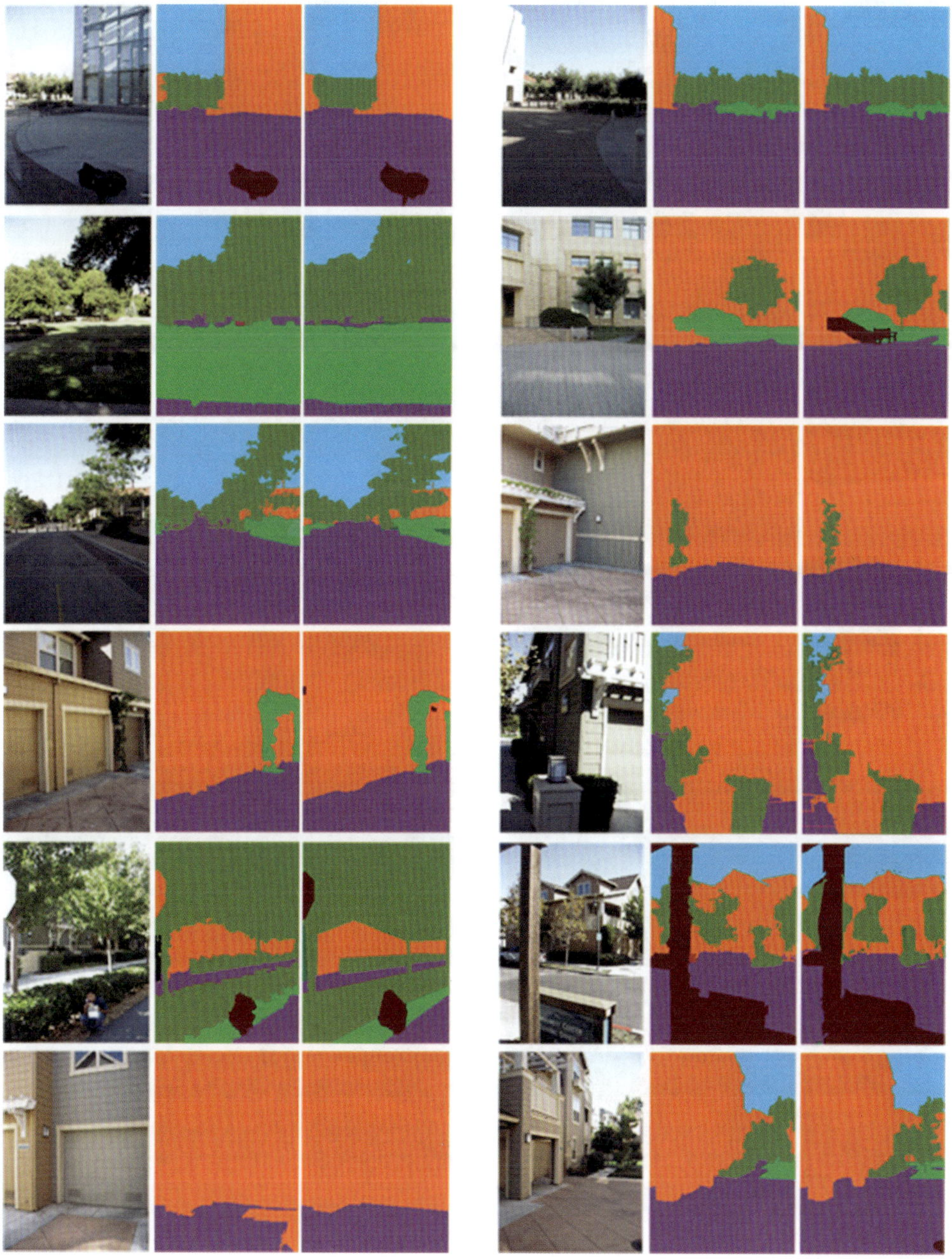

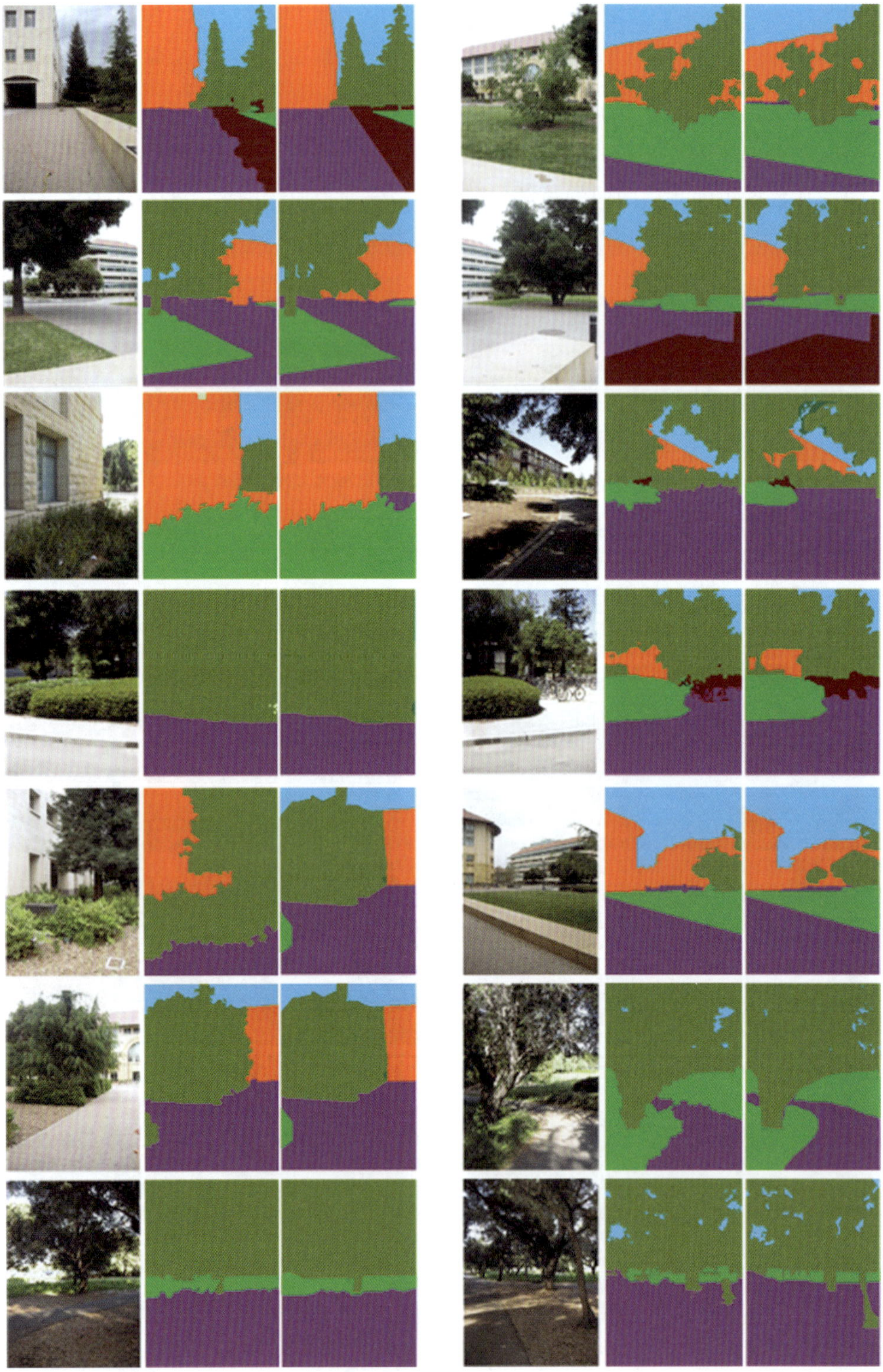

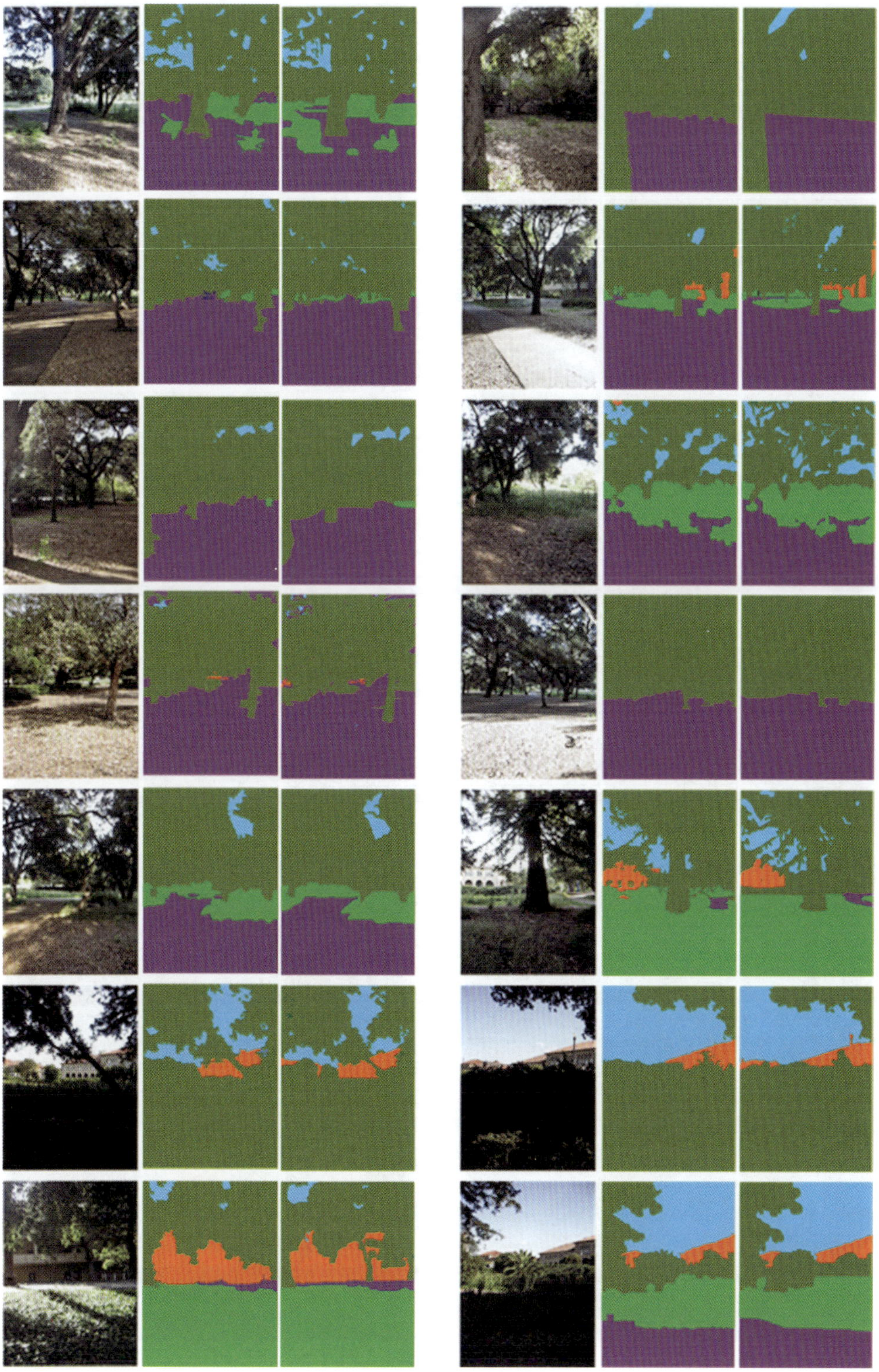

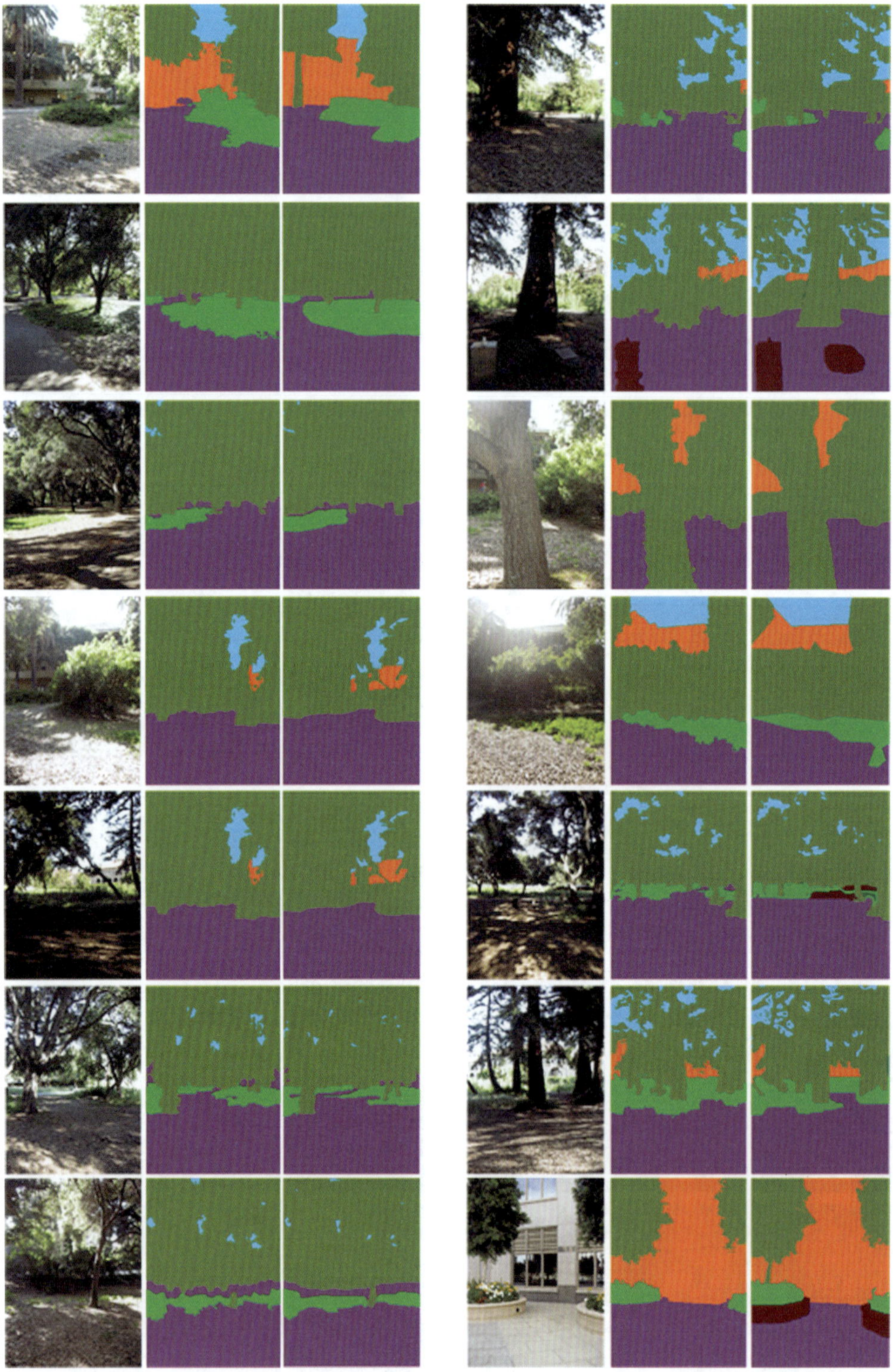

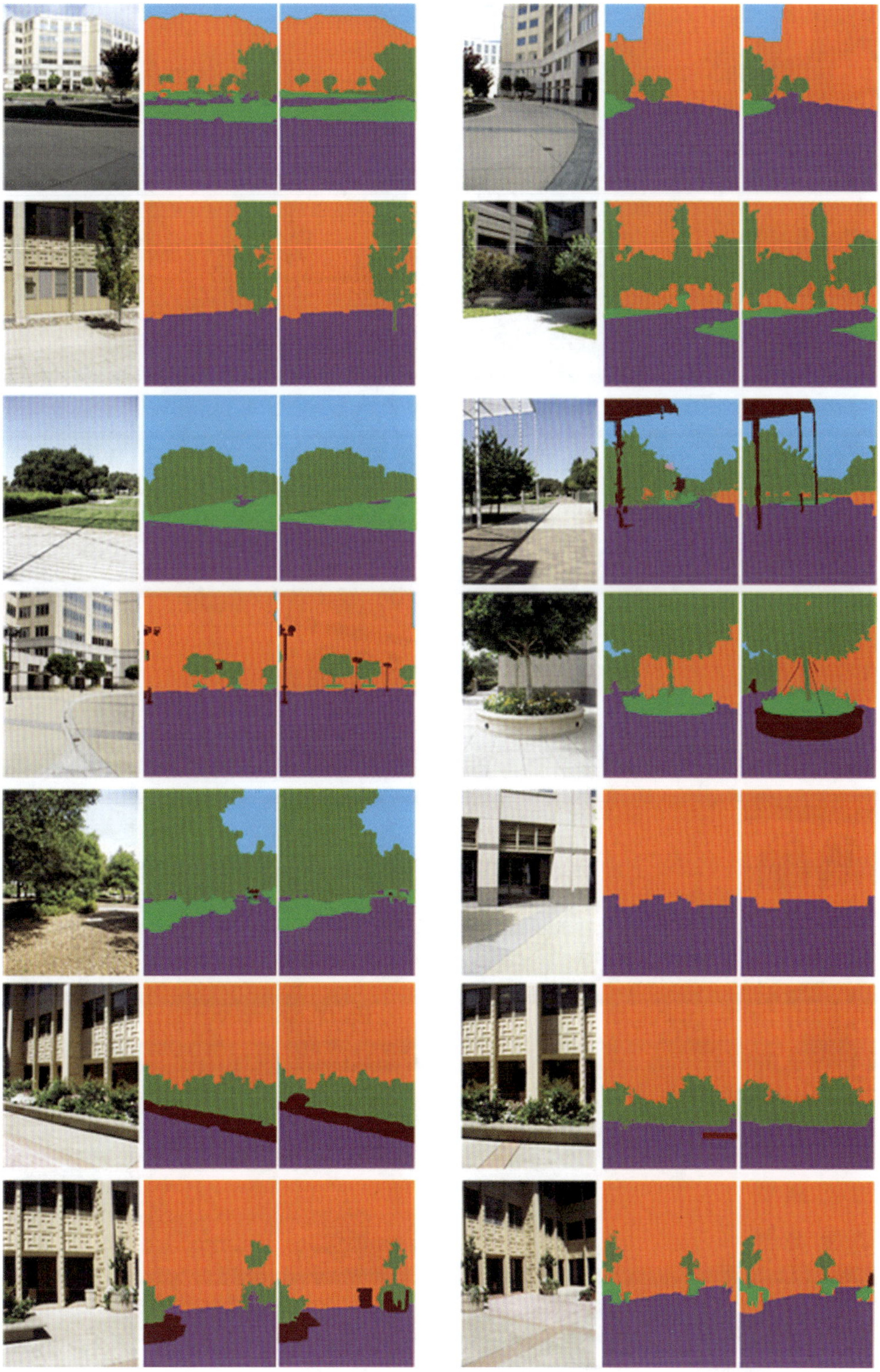

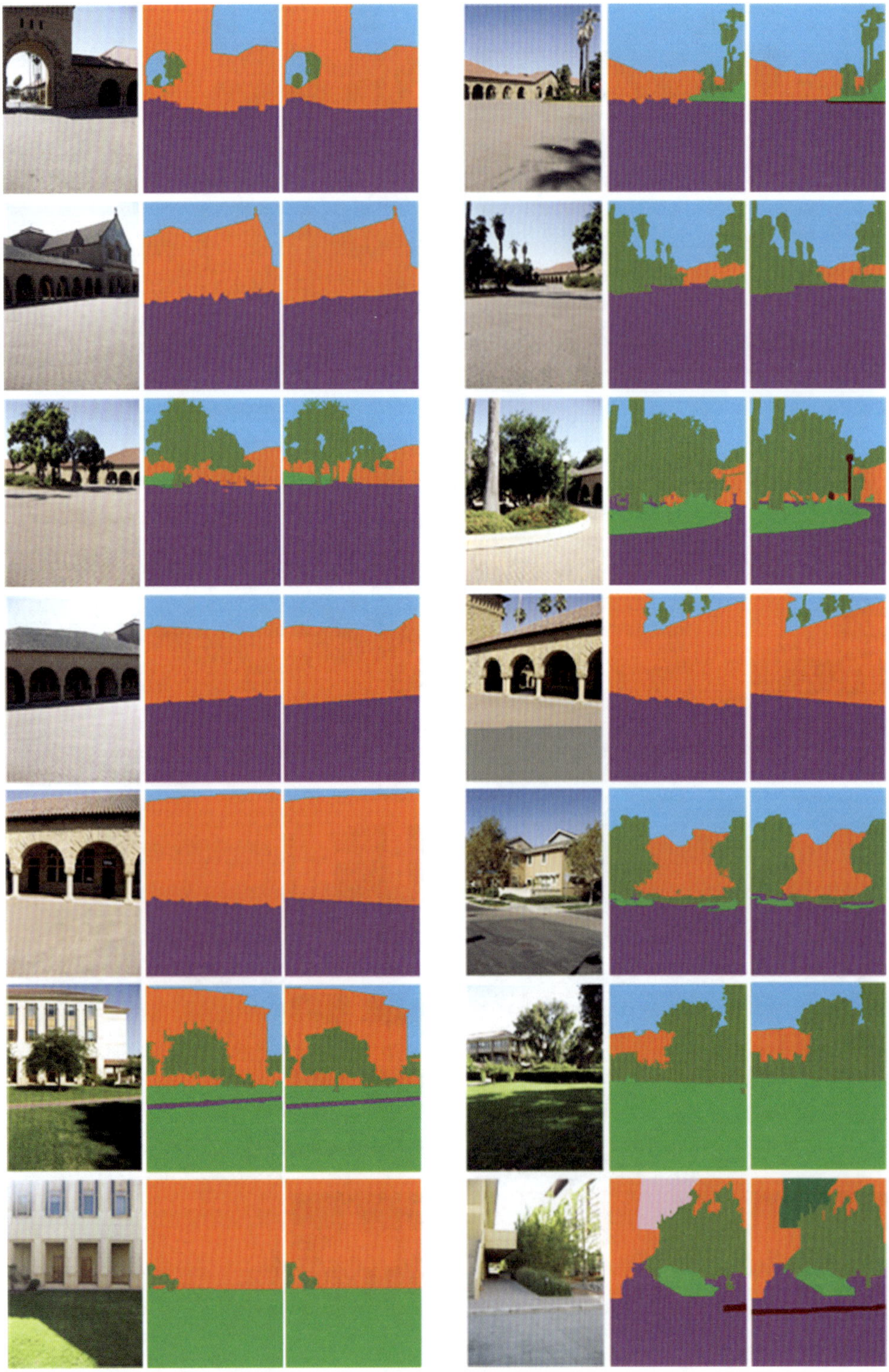

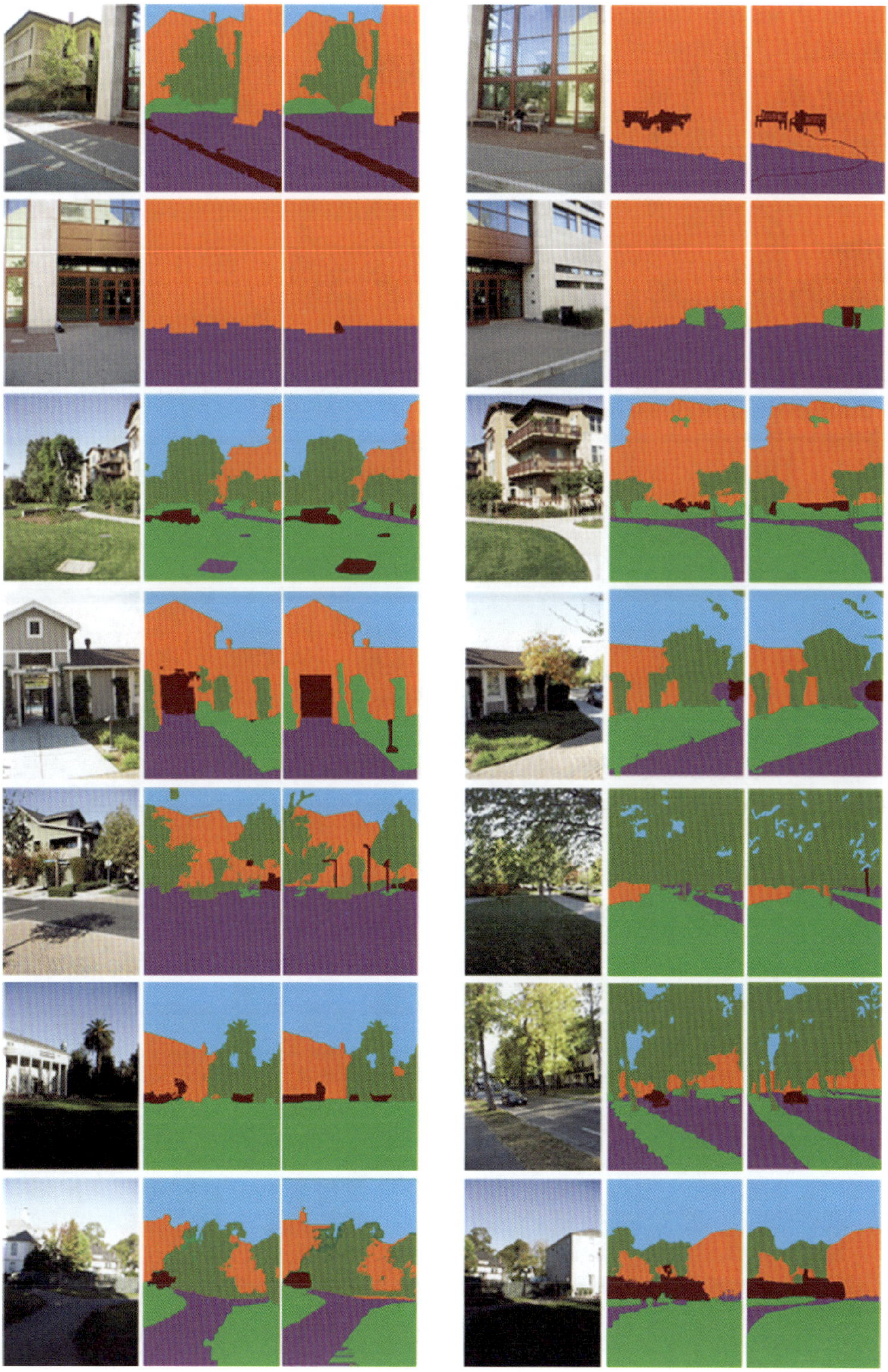

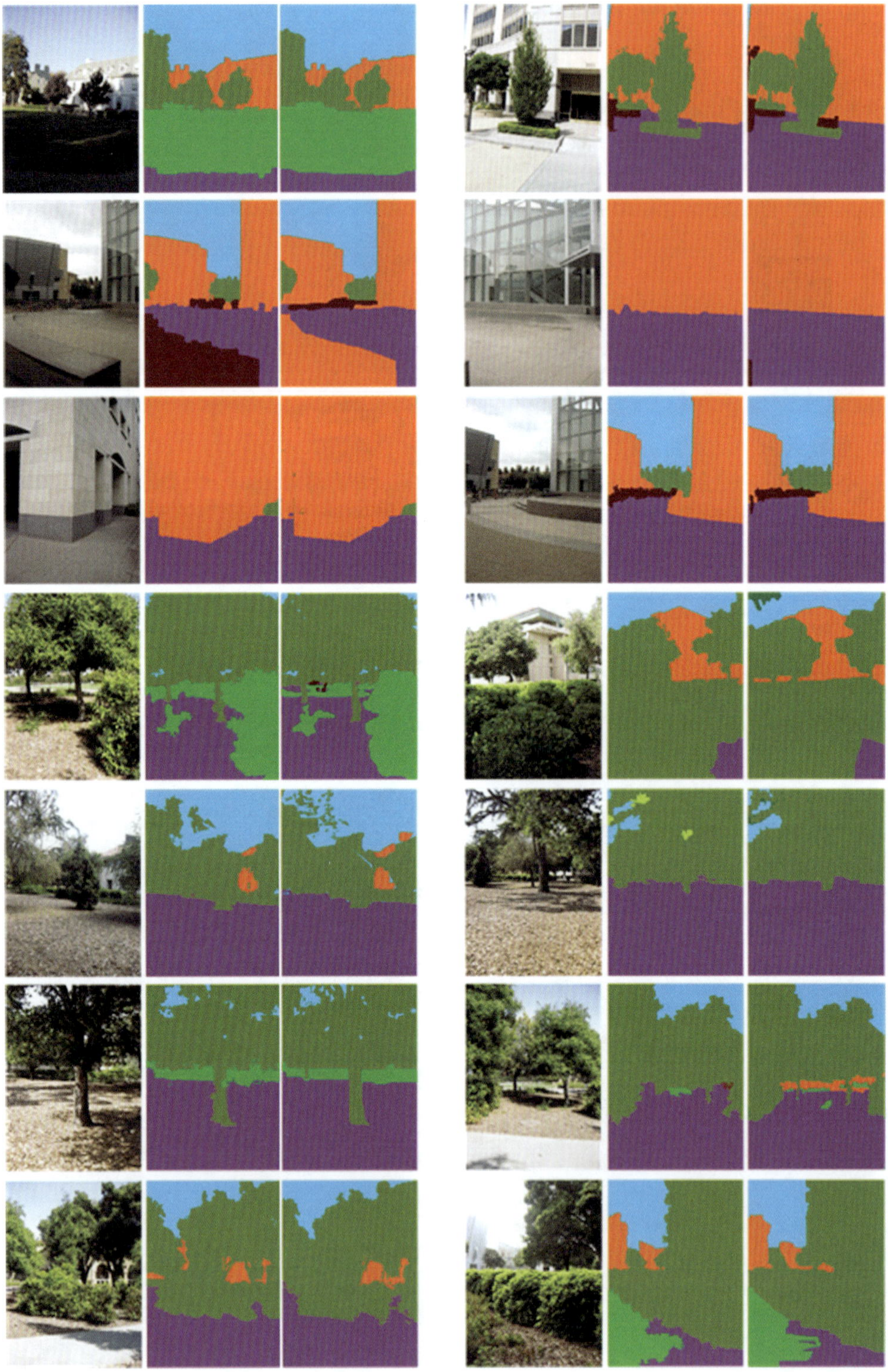

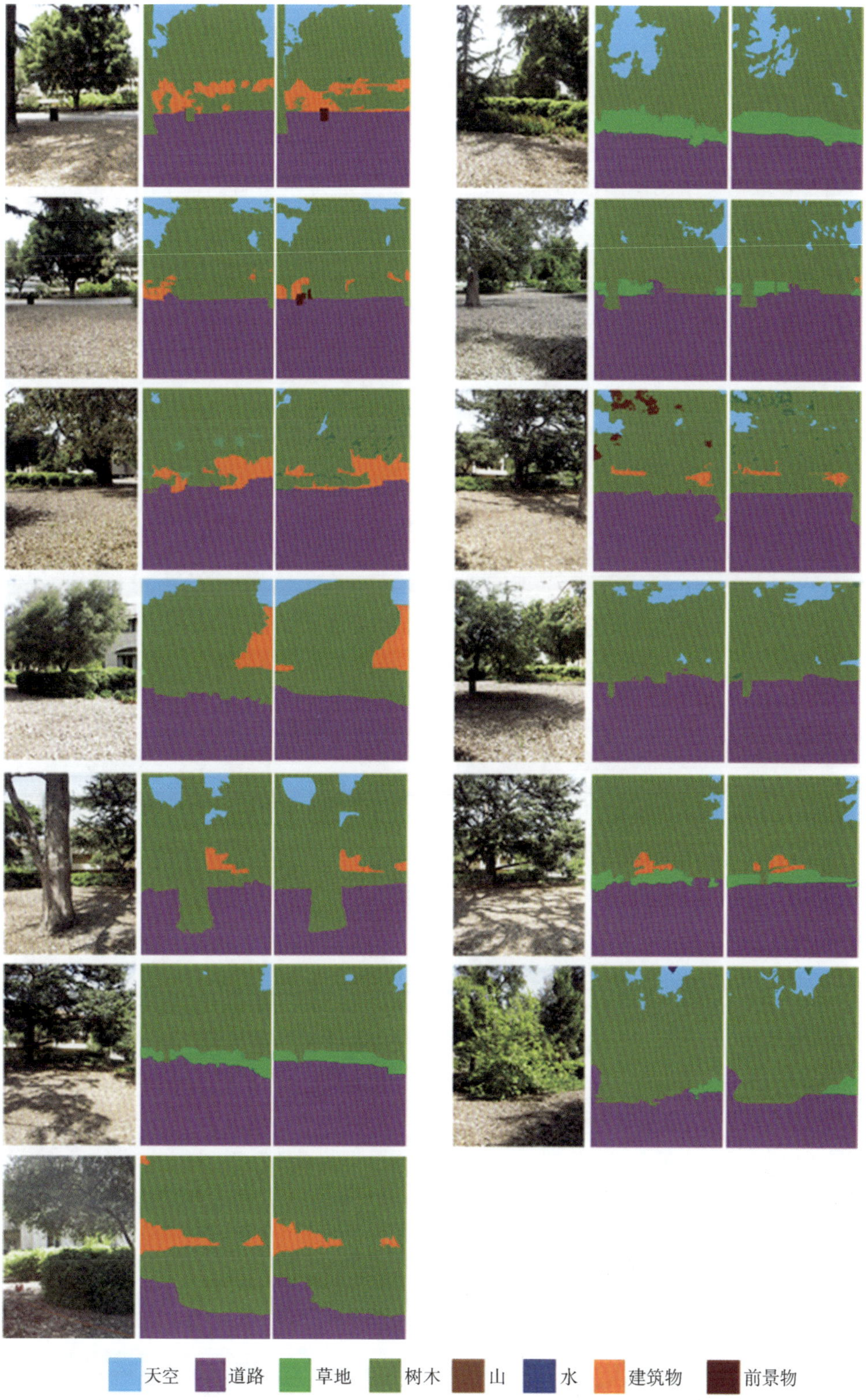
天空
道路
草地
树木
山
水
建筑物
前景物

附录 B

Make3D 数据集中测试图像的深度重建结果，分别为原始图像、采用书中所用方法得到的深度图以及真实深度图。

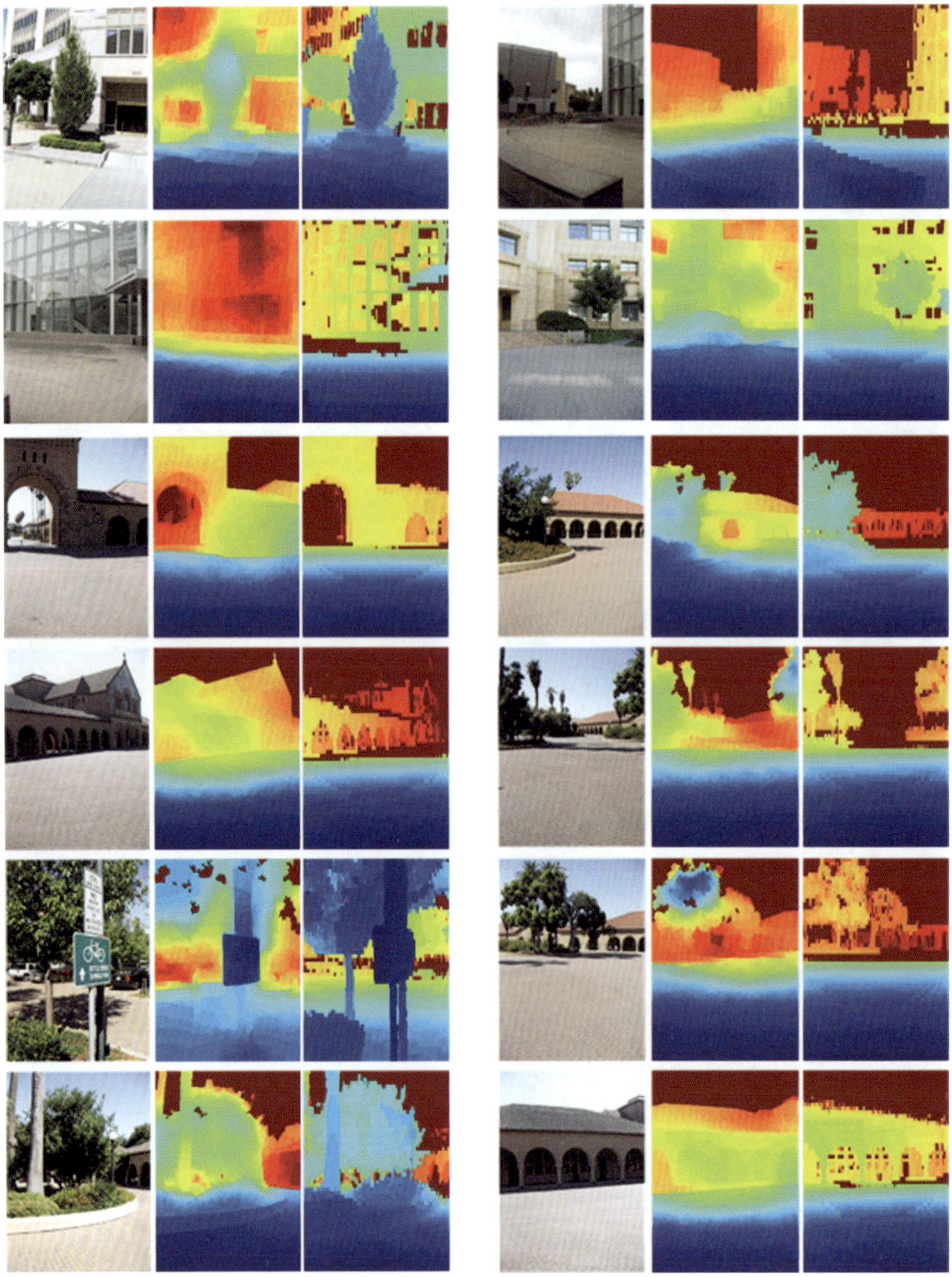

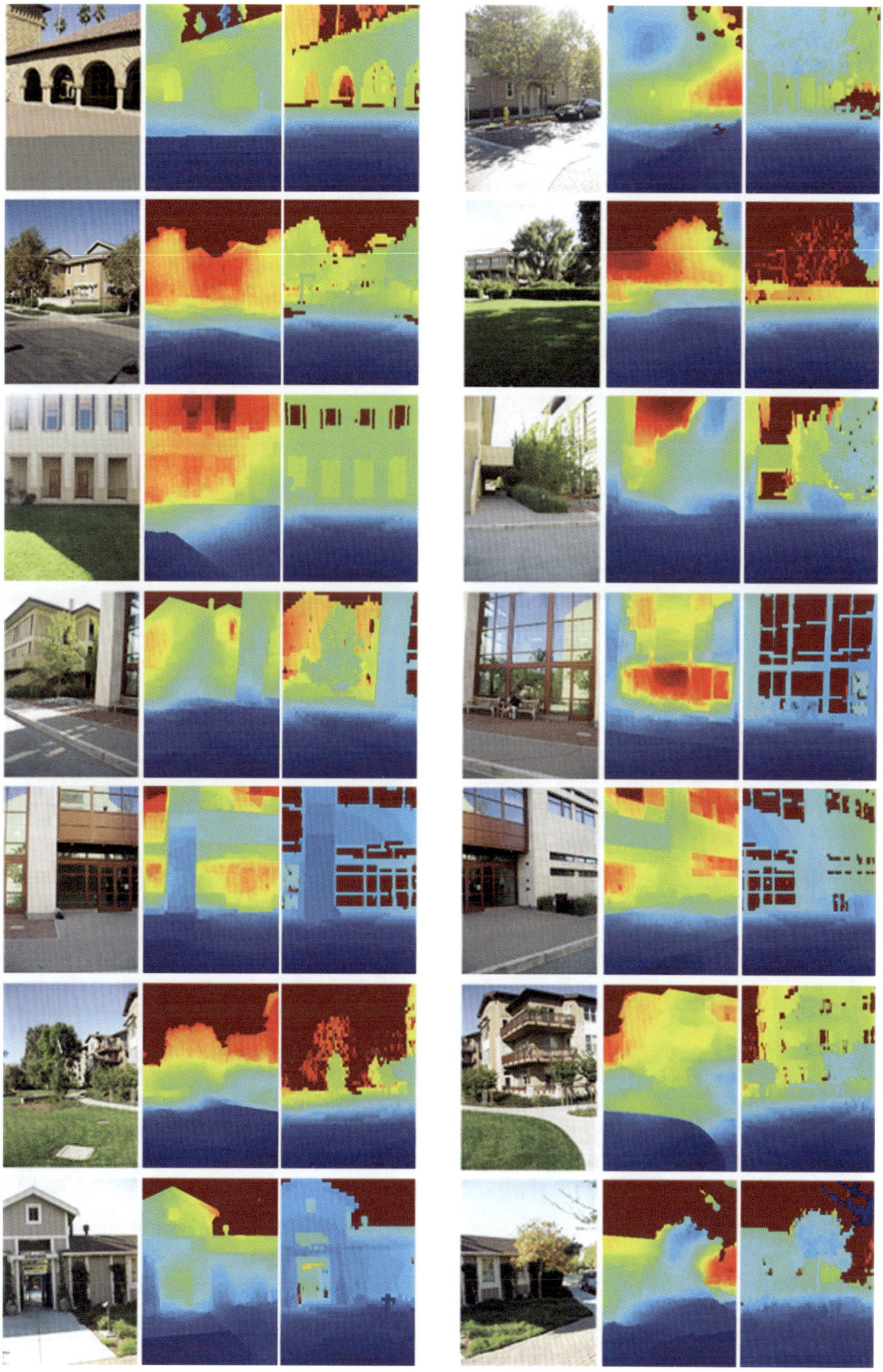

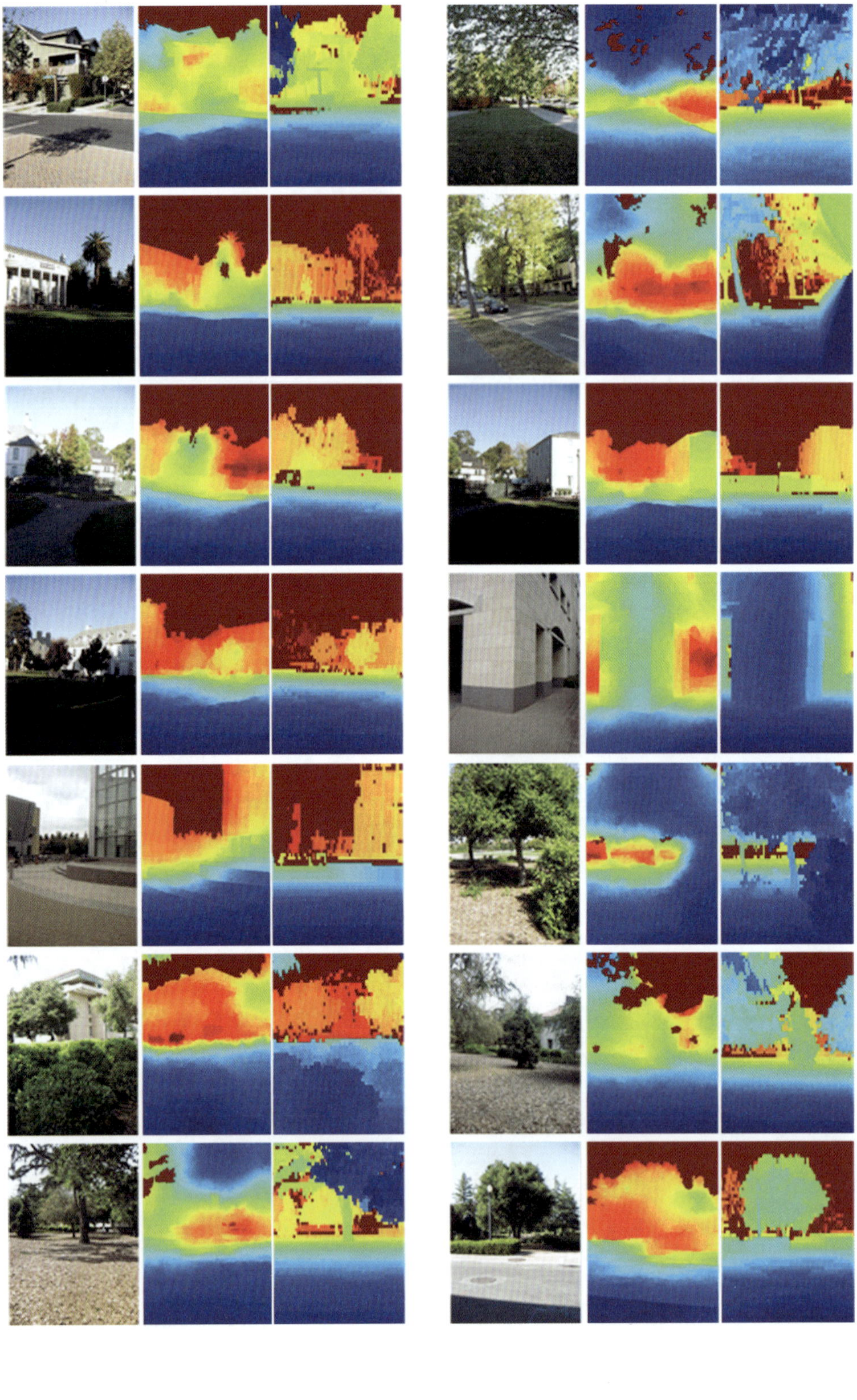

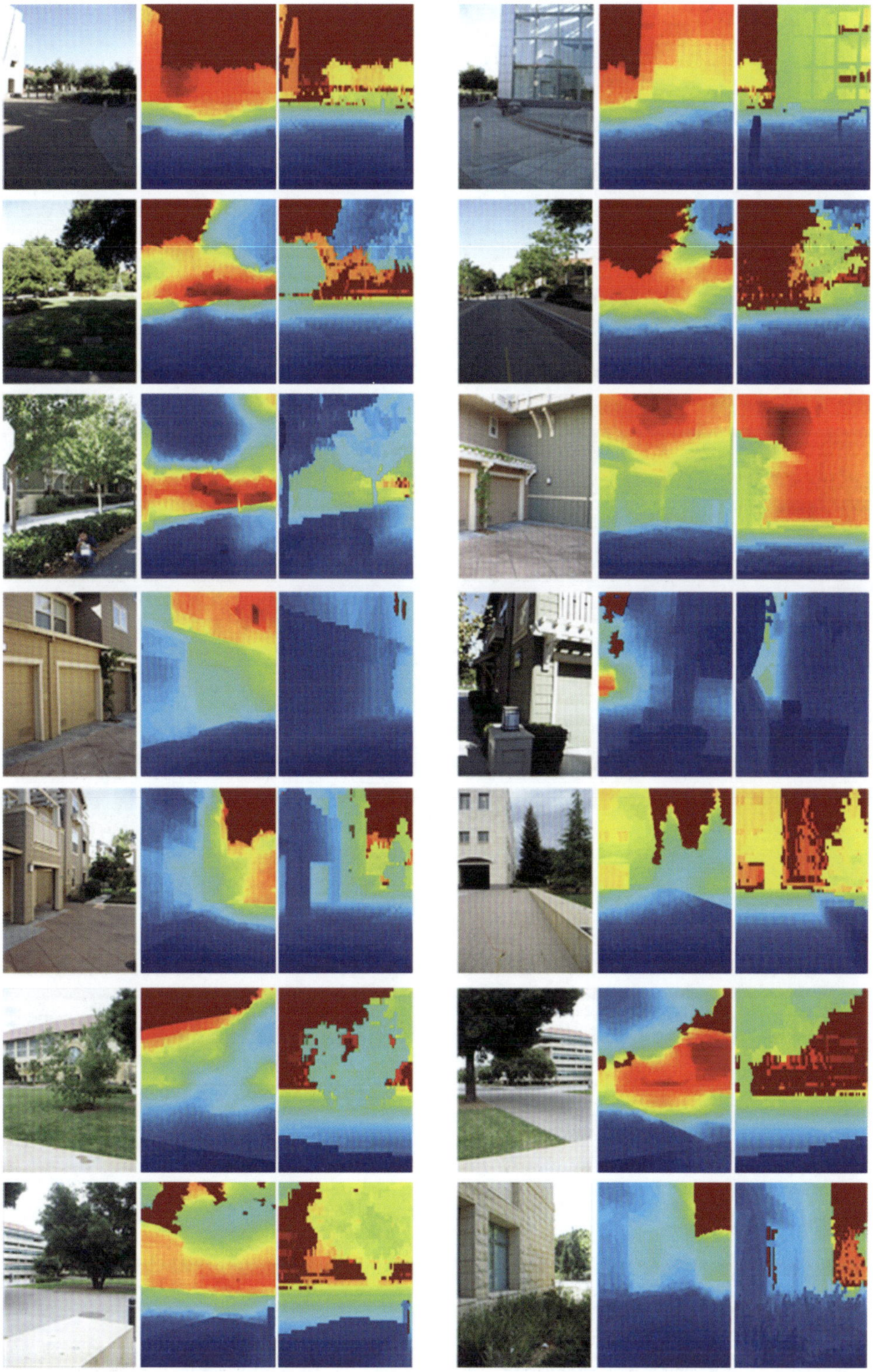

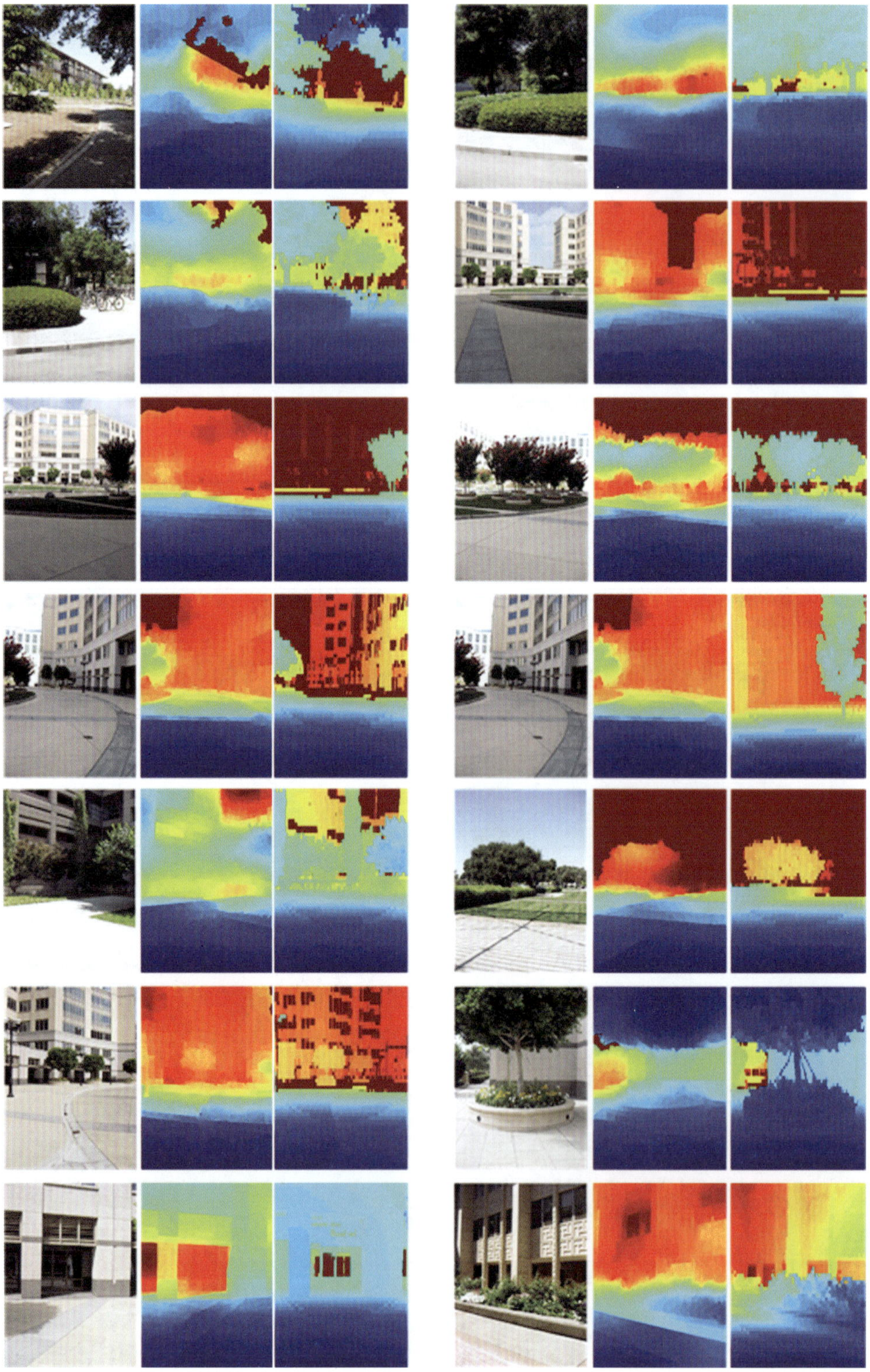

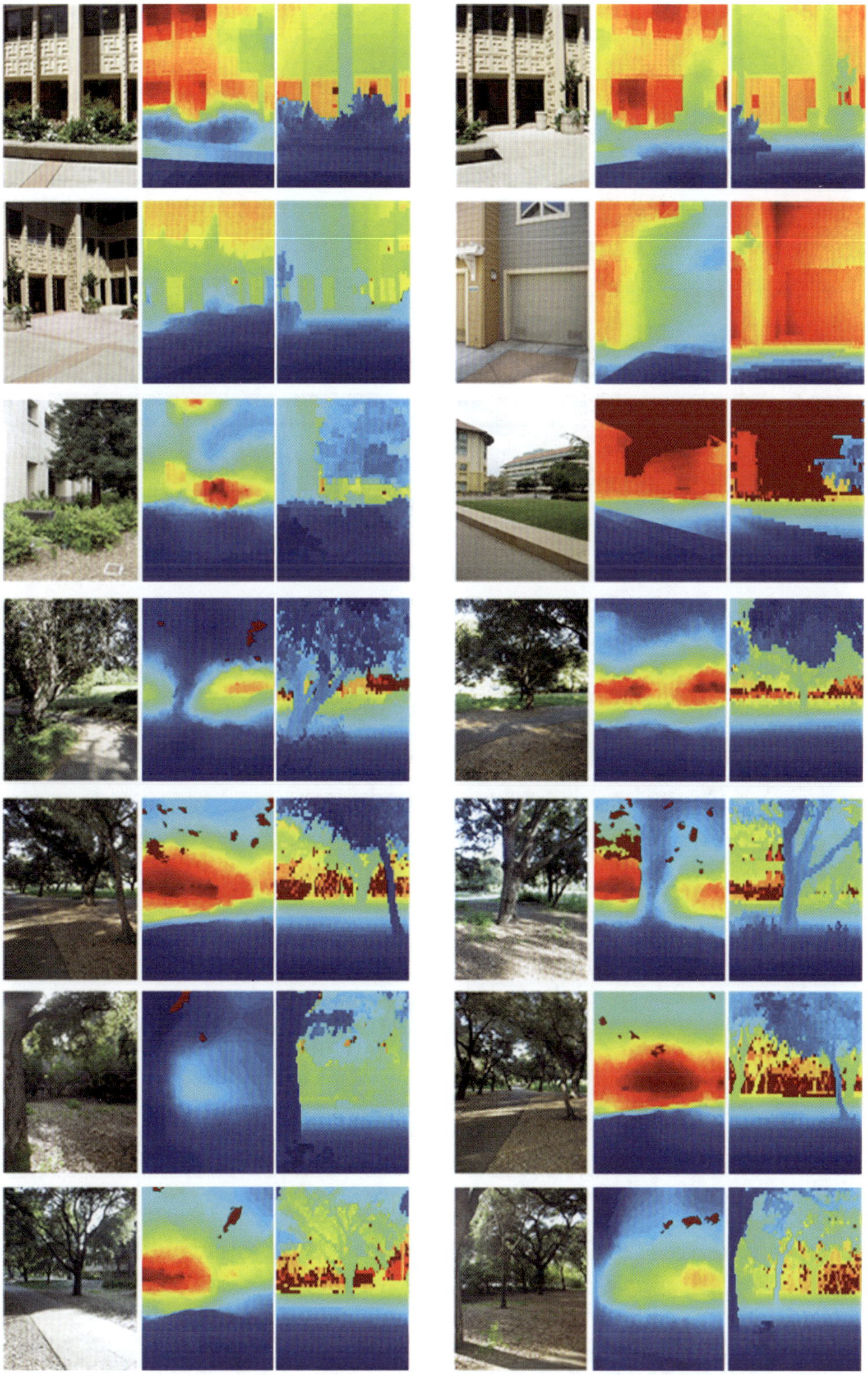

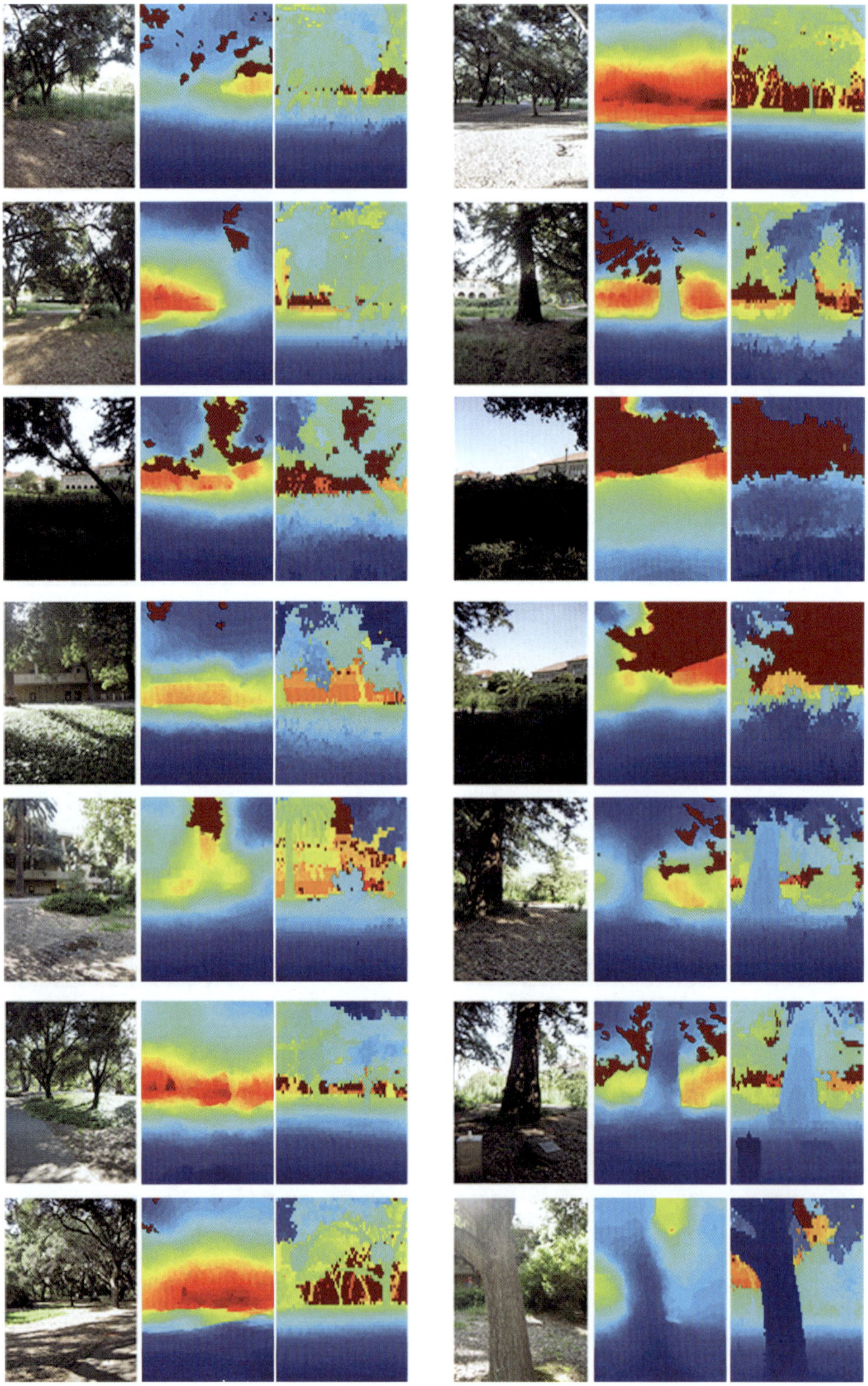

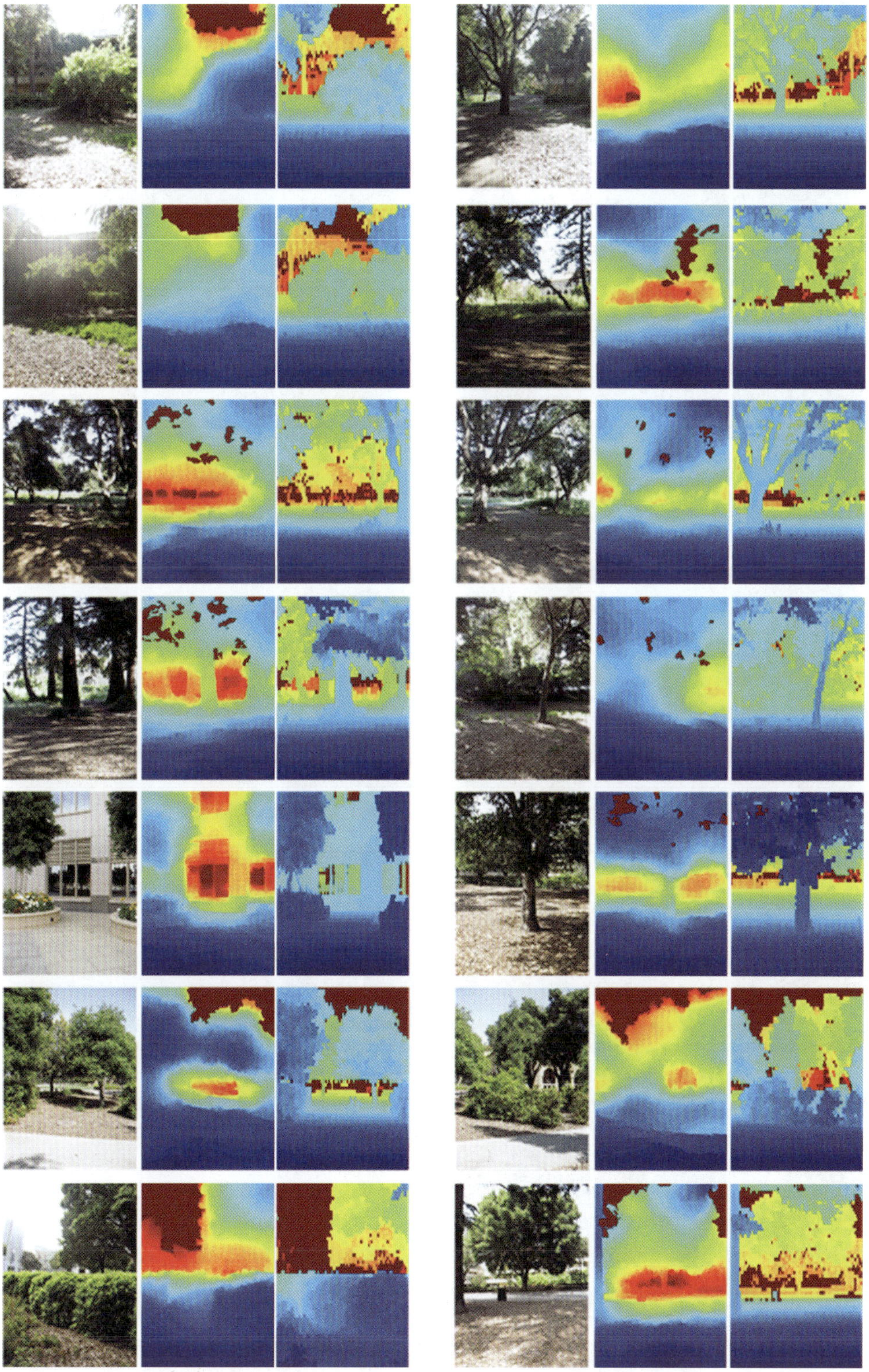

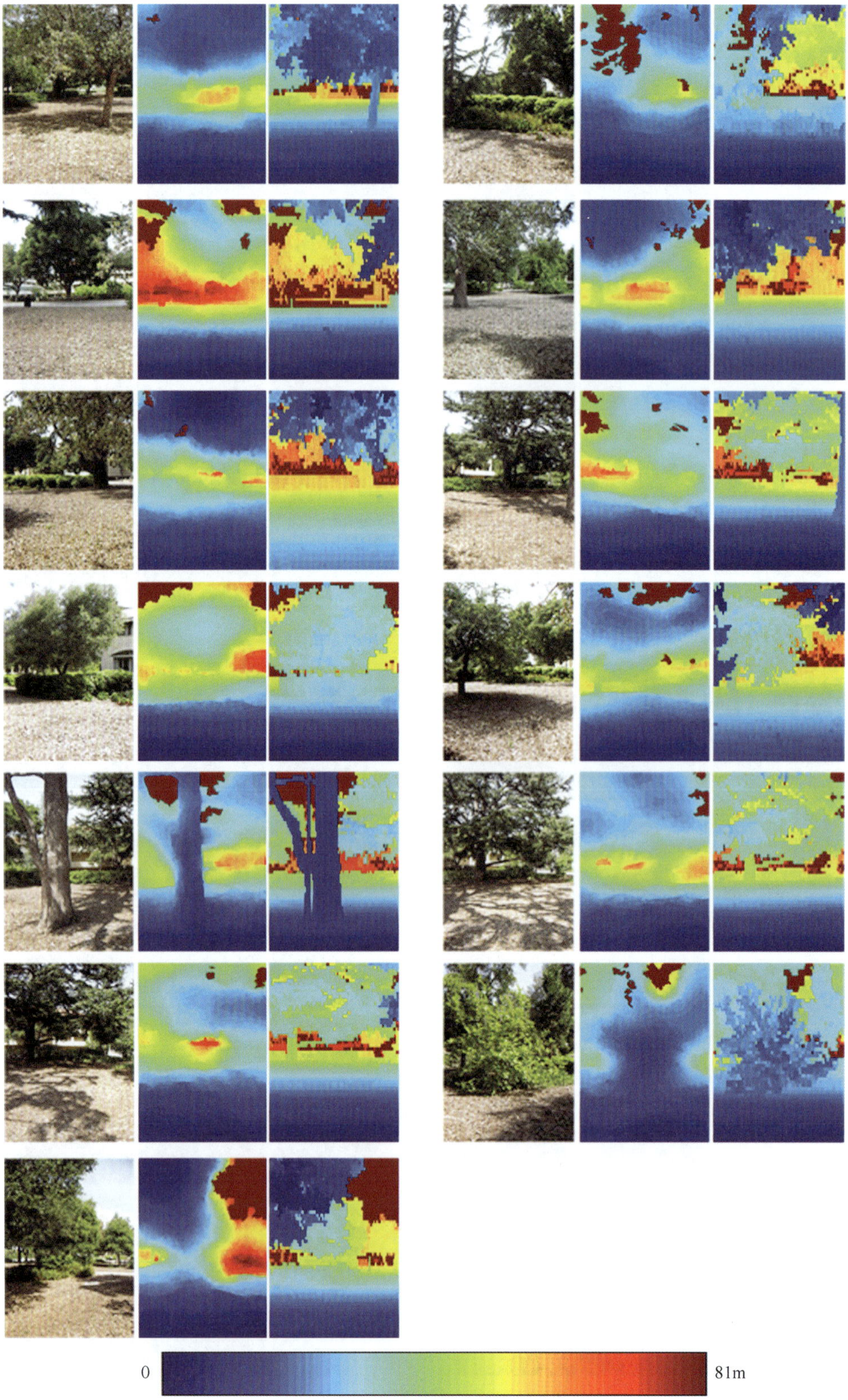
0
81m

附录 C

缩略词中英文对照表

缩写词	英文全称	中文全称
AE	Auto-Encoder	自动编码机
ANN	Artificial Neural Networks	人工神经网络
AP	Affinity Propagation	近邻传播算法
BN	Bayesian Network	贝叶斯网络
BoW	Bag-of-word	词袋模型
BP	Back Propagation	反向传播算法
CNN	Convolutional Neural Network	卷积神经网络
CRF	Conditional Random Field	条件随机场
CVPR	International Conference on Computer Vision and Pattern Recognition	国际计算机视觉与模式识别大会
DBN	Deep Belief Network	深度置信网络
DIBR	Depth Image Based Rendering	基于深度图像绘制技术
DNN	Deep Neural Network	深度神经网络
DRF	Discriminative Random Filed	判别随机场模型
FCM	Fuzzy C-means Algorithm	模糊 C-均值聚类
HOG	Histogram of Oriented Gradient	方向梯度直方图
ICCV	International Conference on Computer Vision	国际计算机视觉大会
ICM	Iterated Conditional Models	迭代条件模式
ISPRS	International Society for Photogrammetry and Remote Sensing	国际摄影测量与遥感学会
LBP	Local Binary Pattern	局部二值模式
LP	Linear Program	线性规划方法
MAP	Maximum a Posteriori	最大后验概率
MLE	Maximum Likelihood Estimation	最大似然估计
MPM	Maximum Posterior Marginal	最大后验边缘概率
MRF	Markov Random Field	马尔可夫随机场
PGM	Probabilistic Graphical Model	概率图模型
PHOG	Pyramid Histogram of Oriented Gradient	多重梯度直方图
RBM	Restricted Boltzmann Machine	受限波尔兹曼机
RCPN	Recursive Context Propagation Network	递归上下文传播网络
ReLU	Rectified Linear Units	修正线性单元
RNN	Recursive Neural Network	递归神经网络

续表

缩写词	英文全称	中文全称
SAE	Stacked Auto-Encoder	堆栈自动编码器
ScSPM	Linear Spatial Pyramid Matching Using Sparse Coding	线性空间金字塔匹配模型的图像分类方法
SFD	Shape from Defocus	散焦恢复形状法
SFM	Structure from Motion	运动推断结构法
SFS	Shape from Shading	阴影恢复形状法
SFT	Shape from Texture	纹理恢复形状法
SGD	Stochastic Gradient Descent	随机梯度下降法
SIFT	Scale-invariant Feature Transform	尺度不变特征变换
SLIC	Simple Linear Iterative Clustering	简单线性迭代聚类
SPM	Spatial Pyramid Matching	空间金字塔匹配模型
SSVM	Structured Support Vector Machine	结构化支持向量机
SVM	Single View Metrology	单像量测
SVM	Support Vector Machine	支持向量机
SVR	Single View Reconstruction	单像建模
TSBF	Tree-structured Belief Network	树状信念网络
VGI	Volunteer Geographic Information	志愿者地理信息
GIS	Geographic Information Science	地理信息科学
SFC	Shape from Silhouettes/Contour	轮廓恢复形状法
TIP	Tour into the Picture	图像漫游技术
LBP	Loopy Belief Propagation	环路置信传播
IDL	Institute of Deep Learning	深度学习研究所
NCFE	Normalization-Cooperated Feature Extraction	归一化组合特征提取
MSRF	Multi-Scale Random Field	多尺度随机场模型
PPA	Per pixel Accuracy	每个像素平均精度
MCA	Mean Class Accuracy	平均类精度
PSA	Per Superpixel Accuracy	每块超像素的平均精度
MIOU	Mean Intersection Over Union	平均交并比

参考文献

[1] 马颂德，张正友. 计算机视觉——计算理论与算法基础 [M]. 北京：科学出版社，1998.

[2] Helmhltz H. Treatise on physiological optics [M]. New York Courier Dover Publications, 1924.

[3] Grimson W. A computer implementation of a theory of human stereo vision [J]. Philosophical Transactions of the Royal society of London. Series B, Biological Sciences, 1981, 292 (1058): 217-253.

[4] Horn B K P. Shape from shading: a method for obtaining the shape of a smooth opaque object from one view [J]. Artificial Intelligence Laboratory, 1970.

[5] Vogel O, Bruhn A, Weickert J, et al. Direct Shape-from-Shading with Adaptive Higher Order Regularisation [J]. Scale Space and Variational Methods in Computer Vision. Springer Berlin Heidelberg, 2007, 4485: 871-882.

[6] Wang G H, Liu S Z, Han J Q, et al. A Novel Shape from Shading Algorithm for Non-Lambertian Surfaces [C]. // Proceedings of 3th Measuring Technology and Mechatronics Automation (ICMTMA), Shanghai, IEEE, 2011: 222-225.

[7] Ecker A, Jepson A D. Polynomial shape from shading [C]. // Proceedings of Computer Vision Pattern Recognition, San Francisco, CA, IEEE, 2010, 119 (5): 145-152.

[8] Witkin A P. Recovering surface shape and orientation from texture [J]. Artificial Intelligence, 1981, (17): 17-45.

[9] Torralba A, Oliva A. Depth estimation from image structure [J]. Pattern Analysis and Machine Intelligence, 2002, 24 (9): 1226-1238.

[10] Lobay A, Forsyth A D. Shape from Texture without Boundaries [J]. International Journal of Computer Vision, 2006, 67 (1): 71-91.

[11] Warren P A, Mamassian P. Recovery of surface pose from texture orientation statistics under perspective projection [J]. Biological Cybernetics, 2010, 103 (3): 199-212.

[12] Pentland A P. A New Sense for Depth of Field [J]. Pattern Analysis and Machine Intelligence, 1987, 9 (4): 523-531.

[13] Lai S H, Fu C W, Chang S Y. A Generalized Depth Estimation Algorithm with a Single Image [J]. Pattern Analysis and Machine Intelligence, 1992, 14 (4): 405-411.

[14] Torreao J R A, Fernandes J L. Single-Image Shape from Defocus [C]. //Proceedings of Computer Graphics and Image Processing, Brazilian, IEEE, 2005: 241-246.

[15] 苏庆华，赵刿，杨奎等. 单幅散焦图像深度计算方法 [J]. 红外，2013, 34 (5): 16-22.

[16] 曹风云，方帅，胡玉娟等. 单幅自然场景深度恢复 [J]. 中国图象图形学报，2014, 19 (5).

[17] Martin W N, Aggarwal J K. Volumetric Descriptions of Objects from Multiple Views [J]. Pattern Analysis and Machine Intelligence, 1983, 5 (2): 150-158.

[18] Chen Y, Cipolla R. Learning shape priors for single view reconstruction [J]. //Proceedings of 12th IEEE International Conference on Computer Vision Workshops, Kyoto, IEEE, 2009: 1425-1432.

[19] Toppe E, Oswald M R, Cremers D, et al. Silhouette-Based Variational Methods for Single View Reconstruction [J]. Video Processing and Computational Video, 2011: 104-123.

[20] 李成龙，钟凡，秦学英. 基于3维模型的单视图不规则物体定位 [J]. 计算机辅助设计与图形学学报，2015, 27 (1): 68-75.

[21] Battiato S, Curti S, La Cascia M, et al. Depth-Map Generation by Image Classification [C]. // Proceedings of Three dimensional image capture and applications VI, SPIE, 2004, 5302: 95-104.

[22] Yang N E, Lee J W, Park R H. Depth map generation from a single image using local depth hypothesis [C]. //Proceedings of IEEE International Conference on Consumer Electronics, Las Vegas, NV, IEEE, 2012: 311-312.

[23] Jung Y J, Baik A, Kim J, et al. A novel 2D-to-3D conversion technique based on relative height depth cue [C]. //Proceedings of Stereoscopic Displays & Applications XX, SPIE, 2009, 7237.

[24] Futragoon N, Kanongchaiyos P. Enhanced Depth Estimation by Using Object Placement Relation [C]. //Proceedings of IEEE International Conference on Robotics and Biomimetics, Bangkok, IEEE, 2009: 1899-1904.

[25] Palou G, Salembier P. Occlusion-based depth ordering on monocular images with BinaryPartition Tree [C]. //Proceedings of IEEE International Conference on Acoustics, Speech & Signal Processing, Prague, IEEE, 2011, 1093-1096.

[26] Varekamp C, Eindhoven P R, Vandewalle P, et al. Question Interface for 3D Picture Creation on an Autostereoscopic Digital Picture Frame [C]. //Proceedings of 3DTV Conference, Potsdam, IEEE, 2009: 1-4.

[27] Saxena A, Chung S H, Ng A Y. Learning Depth from Single Monocular Images [J]. Neural Information Processing Systems, 2005.

[28] Saxena A, Chung S H, Ng A Y. 3-D Depth Reconstruction from a Single Still Image [J]. International Journal of Computer Vision, 2008, 76 (1): 53-59.

[29] Saxena A, Chung S H, Ng A Y. Learning 3D Scene Structure from a Single Still Image [J]. ICCV workshop on 3D Representation for Recognition (3dRR-07), 2007: 1-8.

[30] 吴凤和, 张晓峰, 施法中. 基于单幅图像数据的三维重构方法研究 [J]. 中国机械工程, 2007, 18 (17): 2071-2075.

[31] Han K, Hong K. Geometric and texture cue based depth-map estimation for 2D to 3D image conversion [C]. //Proceedings of IEEE International Conference on Consumer Electronics, Las Vegas, NV, IEEE, 2011: 651-652.

[32] 郝宁波, 廖海斌. 真实感3D人脸快速建模研究 [J]. 计算机应用研究, 2011, 28 (1): 352-355.

[33] Wang K, Dunn E, Tighe J, et al. Combining semantic scene priors and haze removal for single image depth estimation [C]. //Proceedings of IEEE Winter Conference on Applications of Computer Vision, Steamboat Springs, CO, IEEE, 2014: 800-807.

[34] Hoiem D, Efros A A, Hebert M. Automatic Photo Pop-up [J]. The ACM Special Interest Group on Computer Graphics, 2005, 24 (3): 577-584.

[35] Hoiem D, Efros A A, Hebert M. Geometric context from a single image [C]. //Proceedings of 10th International Conference on Computer Vision, IEEE, 2005, 1: 654-661.

[36] Hoiem D, Efros A A, Hebert M. Putting Objects in Perspective [J]. International Journal of Computer Vision, 2006, 80 (1): 2137-2144.

[37] Hoiem D, Efros A A, Hebert M. Recovering Surface Layout from an Image [J]. International Journal of Computer Vision, 2007, 75 (1): 151-172 (22).

[38] Barinova O, Konushin V, Yakubenko A, et al. Fast Automatic Single-View 3-d Reconstruction of Urban Scenes [C]. //Proceedings of 10th European Conference on Computer Vision, Marseille, France, Springer, 2008, 5303: 100-113.

[39] Hedau V, Hoiem D, Forsyth D. Recovering the Spatial Layout of Cluttered Rooms [C]. // Proceedings of 12th International Conference on Computer Vision, Kyoto, IEEE, 2009, 1849-1856.

[40] Jung J T, Ho Y S. Depth map estimation from single-view image using object classification based on Bayesian learning [C]. // Proceedings of 3DTV-Conference: the True Vision-Capture, Transmission and Display of 3D Video, Tampere, IEEE, 2010: 1-4.

[41] 李乐, 张茂军, 熊志辉等. 基于内容理解的单幅静态街景图像深度估计 [J]. 机器人, 2011, 33 (2): 174-180.

[42] 闫硕. 基于单幅户外图像的深度估计与视角变换方法研究 [D]. 燕山大学, 2012.

[43] Zhang S, Yan S. Depth estimation and occlusion boundary recovery from a single outdoor image [J]. Optical Engineering, 2012, 51 (8): 527-529.

[44] Liu D, Wang M Z, Liu X J. Depth Estimation from a Single Outdoor Image Based on Scene Classification [C]. //Proceedings of 2015 2nd IEEE International Conference on Spatial Data Mining and Geographical Knowledge Services, FuZhou, IEEE, 2015: 184-187.

[45] Lee H, Jung C, Kim C. Depth map estimation based on geometric scene categorization [C]. //Proceedings of 19th Workshop on Frontiers of Computer Vision, Incheon, IEEE, 2013: 170-173.

[46] Wang K, Dunn E, Tighe J, et al. Combining semantic scene priors and haze removal for single image depth estimation [C]. //Proceedings of IEEE Winter Conference on Applications of Computer Vision, Steamboat Springs, IEEE, 2014: 800-807.
[47] 丁伟利，李勇，王文锋等. 基于轮廓特征理解的城市道路图像深度估计 [J]. 光学学报，2014，(7)：165-171.
[48] Horry Y, Anjyo K, Arai K. Tour into the picture: Using a spidery mesh interface to make animation from a single image [C]. //Proceedings of the 24th annual conference on Computer graphics and interactive techniques, New York, ACM, 1997, 97: 225-232.
[49] Jelinek D, Taylor, C J. Reconstruction of linearly parameterized models from single images with a camera of unknown focal length [C]. //Proceedings of Computer Vision and Pattern Recognition, IEEE, 1999: 767-773.
[50] Guillou E, Meneveaux D, Maisel E, et al. Using vanishing points for camera calibration and coarse 3D reconstruction from a single image [J]. The Visual Computer, 2000, 16 (7): 396-410.
[51] 张祖勋，吴军，张剑清. 建筑场景三维重建中影像方位元素的获取方法 [J]. 武汉大学学报：信息科学版，2003，(3)：265-271.
[52] Wang R S. Ferrie F P. Self-calibration an metric reconstruction from single image [C]. //Proceedings of The International Archives of the Photogrammetry, Remote Sensing and Spatial Information Sciences. Vol. XXXVII. Part B5. Beijing 2008.
[53] Wilczkowiak M, Boyer E, Sturm P. Camera Calibration and 3D Reconstruction from Single Images Using Parallelepipeds [C]. //IEEE International Conference on Computer Vision, Vancouver, IEEE, 2001, 1: 142-148.
[54] 李波，王祥凤，李本山. 基于单幅图像的三维重建技术 [J]. 信息与电子工程，2006，4 (2)：129-133.
[55] 杨淼. 基于图像的城市建筑物三维自动重建参数化建模方法研究 [D]. 中国海洋大学，2009.
[56] 杨淼，龚成龙，魏志强. 单幅图像中平行六面体建筑物三维参数自动提取 [J]. 中国海洋大学学报：自然科学版，2012，42 (3)：85-90.
[57] 孙敏，胡争. 基于单视影像的地下通道 3 维重构方法 [J]. 地理信息世界，2008，6 (5)：67-71.
[58] 胡春雨，刘弘，陆佃杰. 一种基于单幅图像的 3D 场景建模方法 [J]. 计算机应用研究，2014，31 (6)：1909-1913.
[59] Grammatikopoulos L, Karras G. Petsa E. An Automatic Approach for Camera Calibration from Vanishing Points [J]. Journal of Photogrammetry and Remote Sensing, Elsevier, 2007, 62 (1): 64-76.
[60] 刘丹，刘学军，王美珍. 由灭点进行径向畸变的自动校正 [J]. 中国图象图形学报，2014，19 (3)：407-413.
[61] Fraser, C. S. Automatic camera calibration in close range photogrammetry [J]. Photogrammetric Engineering & Remote Sensing, 2013, 79 (4): 381-388.
[62] 刘丹，刘学军，王美珍. 单像自标定的迭代优化方法 [J]. 国防科技大学学报，2015，37 (5)：29-34.
[63] Liu D, Liu X J, Wang M Z. Camera self-calibration with lens distortion from a single image [J]. Photogrammetric Engineering & Remote Sensing, 2016, 82 (5): 325-334.
[64] 王美珍，刘学军，刘丹. 单视图多约束相机内参统一计算方法 [J]. 测绘通报，2014 (2)：42-45.
[65] 王美珍，刘学军，卢玥，刘丹. 多几何特征约束的单幅图像相机自标定方法 [J]. 地球信息科学学报，2012，V14 (5)：644-651.
[66] Sturm P F, Maybank S J. A Method for Interactive 3D Reconstruction of Piecewise Planar Objects from Single Images [C]. //Proceedings of The 10th British Machine Vision Conference, 1999, 265-274.
[67] Criminisi A, Reid I, Zisserman A. Single View Metrology [J]. International Journal of Computer Vision, 2000, 1 (2): 434-441.
[68] Liebowitz D, Criminisi A, Zisserman A. Creating Architectural Models from Images [J]. Computer Graphics Forum, 1999, 18 (3): 39-50 (12).
[69] Grossmann E, Ortin D, Santos-victor J. Single and multi-view reconstruction of structured scenes [C]. //Proceedings of the 5th Asian Conference on Computer Vision, Melbourne, 2002: 228-234.
[70] Grossmann E. Maximum Likelihood 3D Reconstruction from One or More Uncalibrated Views under Geometric Constraints [D]. Universidade Técnica de Lisboa, 2002.

[71] 杨敏，沈春林. 未标定单幅结构场景图像的三维重构［J］. 中国图象图形学报，2004，9（4）：456-459
[72] 刘培珺，石教英，孙鑫. 基于平面的建筑物表面模型重建算法的研究［J］. 计算机辅助设计与图形学学报，2004，16：1045-1050.
[73] 王光辉. 基于图像的测量及三维重建研究［D］. 中国科学院自动化研究所，2004.
[74] Lourakis M I A, Argyros A A. Acucurate Constraint-Based modeling from a Single perspective view [J]. Computer Graphics International, 2007.
[75] Lourakis M I A, Argyros A A. Refining Single View Calibration With the Aid of Metric Scene Properties [J]. Journal of WSCG, 2007, 15 (1-3): 129-134.
[76] Lourakis M I A, Argyros A A. A System for Geometrically Constrained Single View Reconstruction [C]. //Proceedings of 6th International Conference, Santorini, Springer, 2008, 193-205.
[77] Feng C, Deng F, Kamat V R. Rapid geometric modeling for visual simulation using semi-automated reconstruction from single image [J]. Engineering with Computers, 2014, 30 (1): 31-39.
[78] Harman P. Home based 3D entertainment-An overview [C]. //Proceedings pf 12th International Conference on Image Processing, Vancouver, IEEE, 2000, 1: 1-4.
[79] Delage E, Lee H, Ng A Y. A Dynamic Bayesian Network Model for Autonomous 3D Reconstruction from a Single Indoor Image [C]. // Proceedings of IEEE Computer Society Conference on Computer Vision and Pattern Recognition, IEEE, 2006, 2: 2418-2428.
[80] Das A, Ramnani V, Bhavsar J, et al. Improvised Filter Design for Depth Estimation from Single Monocular Images [C]. // Proceedings of 3th International Conference, PReMI, New Delhi, Springer, 2009: 333-338.
[81] 张蓓蕾，孙韶媛，武江伟等. 基于 DRF-MAP 模型的单目图像深度估计的改进算法［J］. 红外技术，2009，31（12）：712-715.
[82] Srivastava S, Saxena A, Theobalt C. i23-Rapid Interactive 3D Reconstruction from a Single Image [J]. Vision, Modelling and Visualizatio, 2009.
[83] Cao Y, Xia Y, Wang Z. A Close-Form Iterative Algorithm for Depth Inferring from a Single Image [C]. //Proceedings of 11th European Conference on Computer Vision, Heraklion, Springer, 2010, 6315: 729-742.
[84] 蓝建梁，丁友东，黄东晋等. 基于多尺度纹理能量测度的单幅图像深度估计［J］. 计算机工程与设计，2011，32（1）：224-227.
[85] Lin Y, Cheng W, Miao H, et al. Single image depth estimation from image descriptors [C]. //Proceedings of IEEE International Conference on Acoustics, Speech and Signal Processing, Kyoto, IEEE, 2012: 809-812.
[86] Liu B, Koller D, Gould S. Single image depth estimation from predicted semantic labels [C]. // Proceedings of Computer Vision and Pattern Recognition, San Francisco, IEEE, 2010: 1253-1260.
[87] 邓小玲，倪江群，代芬等. 基于 LLOM 的单目图像深度图估计算法［J］. 计算机应用研究，2012，29（11）：4357-4359.
[88] Liu M, Salzmann M, He X. Discrete-Continuous Depth Estimation from a Single Image [C]. // Proceedings of Computer Vision and Pattern Recognition, Columbus, IEEE, 2014: 716-723.
[89] Hinton G E, Osindero S. A Fast Learning Algorithm for Deep Belief Nets [J]. Neural Computation, 2006, 18 (7): 1527-1554.
[90] Krizhevsky A, Sutskever l, Hinton G E. ImageNet classification with deep convolutional neural networks [C]. //Proceedings of Advances in Neural Information Processing Systems, Lake Tahoe, 2012, 1-9.
[91] 周树森. 基于深度置信网络的分类方法［D］. 哈尔滨工业大学，2012.
[92] Yan Z C, Zhang H, Piramuthu R, et al. HD-CNN: Hierarchical Deep Convolutional Neural Network for Image Classification [C]. arXiv, October, 2014.
[93] Girshick R, Donahue J, Darrell T, et al. Rich Feature Hierarchies for Accurate Object Detection and Semantic Segmentation [C]. //Proceedings of Computer Vision and Pattern Recognition (CVPR), Columbus, IEEE, 2014: 580-587.
[94] Long J, Shelhamer E, Darrell T. Fully Convolutional Networks for Semantic Segmentation [C]. //Proceedings of Computer Vision and Pattern Recognition, Boston, 2015.

[95] Pinheiro P, Collobert R. Recurrent convolutional neural networks for scene labeling [C]. //Proceedings of the 31th International Conference on Machine Learning, Beijing, IEEE, 2014: 82-90.
[96] Collobert R, Weston J. A unified architecture for natural language processing: Deep neural networks with multitask learning [C]. // Proceedings of the 25th international conference on Machine learning, Helsinki, 2008: 160-167.
[97] Eigen D, Puhrsch C, Fergus R. Depth Map Prediction from a Single Image using a Multi-Scale Deep Network [C]. // Proceedings of Neural Information Process Systems, Canada, 2014.
[98] Eigen D, Fergus R. Predicting Depth, Surface Normals and Semantic Labels with a Common Multi-Scale Convolutional Architecture [C]. //Proceedings of Europe Conference on Computer Vision, Zurich, 2014.
[99] Hu T, Zhuang B J, Yan H, et al. Depth Inference with Convolutional Neural Network [C]. // Proceedings of Visual Communications and Image Processing Conference, Valletta, IEEE, 2014, 169-172.
[100] Liu F Y, Shen C H, Lin G S, et al. Learning Depth from Single Monocular Images using Deep Convolutional Neural Fields [C]. //Proceedings of Europe Conference on Computer Vision, Zurich, 2014.
[101] Liu F Y, Shen C H, Lin G S, et al. Deep Convolutional Neural Fields for Depth Estimation from a Single Image [C]. // Proceedings of Computer Vision and Pattern Recognition, Boston, 2015.
[102] Li B, Shen C H, Dai Y C, et al. Depth and surface normal estimation from monocular images using regression on deep features and hierarchical CRFs [C]. //Proceedings of 2015 IEEE Conference on Computer Vision and Pattern Recognition, Boston, IEEE, 2015: 1119-1127.
[103] 章毓晋. 图像工程（下册）图像理解 [M]. 北京：清华大学出版社, 2007.
[104] Zhuo S J, Sim T. On the Recovery of Depth from a Single Defocused Image [C]. //Proceedings of 13th Computer Analysis of Images and Patterns, Münster, Germany, Springer, 2009, 5702: 889-897.
[105] Lin J Y , Ji X Y, Xu W L, et al. Absolute Depth Estimation from a Single Defocused Image [J]. IEEE Transactions on Image Processing, 2013, 22 (11): 4545-4550.
[106] Delage E, Lee H, Ng A Y. Automatic single-image 3d reconstructions of indoor manhattan world scenes [J]. Springer Tracts in Advanced Robotics, 2007, 28: 305-321.
[107] 高文, 陈熙霖. 计算视觉——算法与系统原理 [M]. 北京：清华大学出版社, 1992.
[108] 赵悦. 概率图模型学习理论及其应用 [M]. 北京：清华大学出版社, 2012.
[109] 张宏毅, 王立威, 陈瑜希. 概率图模型研究进展综述 [J]. 软件学报, 2013 (11): 2476-2497.
[110] 刘建伟, 黎海恩, 罗雄麟. 概率图模型学习技术研究进展 [J]. 自动化学报, 2014, 40 (6): 1025-1044.
[111] Michels J, Saxena A, Ng A Y. High speed obstacle avoidance using monocular vision and reinforcement learning [C]. // Proceedings of the Twenty-Second International Conference (ICML 2005), Bonn, Germany, 2005: 593-600.
[112] Mitchell T M. Machine learning (mcgraw-hill) [J]. Machine Learning, 1997.
[113] Dahl G E, Yu D, Deng L, et al. Context-Dependent Pre-trained Deep Neural Networks for Large Vocabulary Speech Recognition [J]. IEEE Transactions on Audio Speech & Language Processing, 2012, 20 (1): 30-42.
[114] Markoff J. How Many Computers to Identify a Cat? 16, 000 [J]. New York Times, 2012.
[115] Russakovsky O, Deng J, Su H, et al. ImageNet Large Scale Visual Recognition Challenge [J]. International Journal of Computer Vision, 2015, 115: 211-252.
[116] Silver D, Huang A, Maddison C J, et al. Mastering the game of Go with deep neural networks and tree search [J]. Nature, 2016, 529 (7587): 484-489.
[117] Bengio Y. Learning Deep Architectures for AI [J]. Foundations and Trends in Machine Learning, 2009, 2 (1): 1-127.
[118] Arel I, Rose D C, Karnowski T P. Deep Machine Learning-A New Frontier in Artificial Intelligence Research [J]. Computational Intelligence Magazine, 2010, 5 (4): 13-18.
[119] Le Roux N, Bengio Y. Representational power of restricted boltzmann machines and deep belief networks [J]. Neural Computation, 2008, 20 (6): 1631-1649.
[120] Bengio Y S, Lamblin P, Popovici D, et al. Greedy layer-wise training of deep networks [C]. //Proceedings of Advances in Neural Information Processing Systems 19, MIT Press. 2007: 153-160.

[121] Hubel DH, Wiesel TN. Receptive fields, binocular interaction and functional architecture in the cat' s visual cortex [J]. The Journal of Physiology. 1962, 160 (1): 106-154. 2.

[122] Fukushima K. Neocognitron: A self-organizing neural network model for a mechanism of pattern recognition unaffected by shift in position [J]. Biological Cybernetics, 1980, 36: 193-202.

[123] Lecun Y, Bottou L, Bengio Y, et al. Gradient-based learning applied to document recognition [J]. Proceedings of the IEEE, 1998, 86 (11): 2278-2324.

[124] Lecun Y, Boser B, Denker J S, et al. Backpropagation Applied to Handwritten Zip Code Recognition [J]. Neural Computation, 1989, 1 (4): 541-551.

[125] Lecun Y, Boser B E, Denker J S, et al. Handwritten Digit Recognition with a Back-Propagation Network [C]. //Proceedings of Advances in Neural Information Processing Systems 2, 1990: 396-404.

[126] 杨钊. 面向图像分类和识别的视觉特征表达与学习的研究 [D]. 华南理工大学, 2014.

[127] Yan Z C, Zhang H, Piramuthu R, et al. HD-CNN: Hierarchical Deep Convolutional Neural Networks for Large Scale Visual Recognition [C]. //Proceedings of International Conference on Computer Vision, Santiago, Chile, 2015.

[128] Long J, Shelhamer E, Darrell T. Fully Convolutional Networks for Semantic Segmentation [C]. //Proceedings of 2015 Conference on Computer Vision and Pattern Recognition, Boston, Massachusetts, 2015.

[129] Pinheiro P, Collobert R. Recurrent Convolutional Neural Networks for Scene Labeling [C]. //Proceedings of the 31th International Conference on Machine Learning, Beijing, China, 2014: 82-90.

[130] 韩力群. 人工神经网络理论、设计及应用 [M]. 北京: 化学工业出版社, 2007.

[131] Minsky M, Papert S. Perceptrons [M]. Cambridge: MIT Press, 1969.

[132] Rumelhart J L, Mcclelland D E. Parallel Distributed Processing [M]. Cambridge: MIT Press, 1986.

[133] Feng X J, Williams C K I, Felderhof S N. Combining belief networks and neural networks for scene segmentation [J]. Pattern Analysis and Machine Intelligence, 2002, 24 (4): 467-483.

[134] Kumar S, Hebert M. Man-made structure detection in natural images using a causal multiscale random field [C]. //Proceedings of the 2003 IEEE Computer Society Conference on Computer Vision and Pattern Recognition, IEEE, 2003, 1: I-119-I-126.

[135] Bouman C A, Shapiro M. A Multiscale Random Field Model for Bayesian Image Segmentation [J]. IEEE Transactions on Image Processing, 1994, 3 (2): 162-177.

[136] Kumar S, Hebert M. Discriminative random fields: A discriminative framework for contextual interaction in classification [C]. //Proceedings of the Ninth IEEE International Conference on Computer Vison, Nice, France, IEEE, 2003, 2: 1150-1157.

[137] Kumar S, Hebert M. Discriminative fields for modeling spatial dependencies in natural images [C]. //Proceedings of the Neural Information Processing Systems, Vancouver, British, 2003: 1-8.

[138] He X, Zemel R S, Carreira-Perpindn M A. Multiscale conditional random fields for image labeling [C]. //Proceedings of the 2004 IEEE Computer Society Conference on Computer Vision and Pattern Recognition, IEEE, 2004, 2: II-695-II-702.

[139] He X, Zemel R S, Ray D. Learning and incorporating top-down cues in image segmentation [C]. //Proceedings of 9th European Conference on Computer Vision, Graz, Austria, Springer, 2006: 338-351.

[140] Gould S, Fulton X, Koller D. Decomposing a scene into geometric and semantically consistent regions [C]. //Proceedings of the Ninth IEEE International Conference on Computer Vison, Kyoto, IEEE, 2009: 1-8.

[141] Boix X, Gonfaus J M, van de Weijer J, et al. Harmony Potentials-Fusing Global and Local Scale for Semantic Image Segmentation [J]. International Journal of Computer Vision, 2012, 96 (1): 83-102.

[142] 赵龙, 郭立, 谢锦生. 条件随机场模型的场景描述 [J]. 中国图象图形学报, 2013, 18 (3): 271-276.

[143] 毛凌. 基于概率图模型的场景理解方法研究 [D]. 电子科技大学, 2013.

[144] 毛凌, 解梅. 基于高阶 CRF 模型的图像语义分割 [J]. 计算机应用研究, 2013, 30 (11): 3514-3517.

[145] 李艳丽, 周忠, 吴威. 一种双层条件随机场的场景解析方法 [J]. 计算机学报, 2013, 36 (9): 1898-1907.

[146] Zheng S, Cheng M M, Warrell J, et al. Dense Semantic Image Segmentation with Objects and Attributes [C]. //Pro-

ceedings of 2014 IEEE Conference on Computer Vision and Pattern Recognition (CVPR), Columbus, OH , IEEE, 2014: 3214-3221.

[147] 周俊，朱金荣，王明军. 基于条件随机场的梨园场景图像分割方法 [J]. 农业机械学报，2015，46 (2): 8-13.

[148] Liu C, Yuen J, Torralba A, et al. SIFT Flow: Dense Correspondence across Different Scenes [C]. //Proceedings of the 10th European Conference on Computer Vision, Marseille, France, Springer, 2008: 28-42.

[149] Liu C, Yuen J, Torralba A. Nonparametric scene parsing: Label transfer via dense scene alignment [C]. //Proceedings of 2009 IEEE Conference on Computer Vision and Pattern Recognition, Miami, FL, IEEE, 2009: 1972-1979.

[150] Tighe J, Lazebnik S. SuperParsing: Scalable Nonparametric Image Parsing with Superpixels [C]. //Proceedings of 11th European Conference on Computer Vision, Heraklion, Crete, Greece, Springer , 2010, 101 (2): 352-365.

[151] Eigen D, Fergus R. Nonparametric image parsing using adaptive neighbor sets [C]. //Proceedings of 2012 IEEE Conference on Computer Vision and Pattern Recognition, Providence, RI, 2012: 2799-2806.

[152] Singh G, Kosecka J. Nonparametric Scene Parsing with Adaptive Feature Relevance and Semantic Context [C]. //Proceedings of 2013 IEEE Conference on Computer Vision and Pattern Recognition, Portland, OR, IEEE, 2013: 3151-3157.

[153] Yang J, Price B, Cohen S, et al. Context Driven Scene Parsing with Attention to Rare Classes [C]. //Proceedings of 2014 IEEE Conference on Computer Vision and Pattern Recognition (CVPR), Columbus, OH, IEEE, 2014: 3294-3301.

[154] Grangier D, Bottou L, Collobert R. Deep convolutional networks for scene parsing [C]. //Proceedings of ICML 2009 Deep Learning Workshop. 2009.

[155] Socher R, Lin C Y, Ng A Y, et al. Parsing Natural Scenes and Natural Language with Recursive Neural Networks [C]. //Proceedings of the 28th International Conference on Machine Learning. 2011: 129-136.

[156] Sharma A, Tuzel O, Liu M Y. Recursive Context Propagation Network for Semantic Scene Labeling [C]. //Proceedings of Neural Information Processing Systems, Montreal, Canada, 2014.

[157] Farabet C, Couprie C, Najman L, et al. Scene Parsing with Multiscale Feature Learning, Purity Trees, and Optimal Covers [C]. //Proceedings of the 29th International Conference on Machine Learning, Edinburgh, Scotland, UK, 2012.

[158] Farabet C, Couprie C, Najman L, et al. Learning hierarchical features for scene labeling [J]. IEEE Transactions on Software Engineering, 2013, 35 (8): 1915-1929.

[159] Kekec T, Emonet R, Fromont E, et al. Contecxtually constrained deep networks for scene labeling [C]. //Proceedings of the British Machine Vision Conference, Nottingham, BMVA Press, 2014.

[160] Eigen D, Fergus R. Predicting Depth, Surface Normals and Semantic Labels with a Common Multi-Scale Convolutional Architecture [C]. //Proceedings of IEEE International Conference on Computer Vision, Santiago, Chile, 2015.

[161] Liu F, Lin G, Shen C. CRF learning with CNN features for image segmentation [J]. Pattern Recognition, 2015, 48 (10): 2983-2992.

[162] Girshick R, Donahue J, Darrell T, et al. Rich Feature Hierarchies for Accurate Object Detection and Semantic Segmentation [C]. //Proceedings of 2014 IEEE Conference on Computer Vision and Pattern Recognition, Columbus, OH, IEEE, 2014: 580-587.

[163] Felzenszwalb P F, Huttenlocher D P. Efficient Graph-Based Image Segmentation [J]. International Journal of Computer Vision, 2004, 59 (2): 167-181.

[164] Liu M Y, Tuzel O, Ramalingam S, et al. Entropy rate superpixel segmentation [C]. //Proceedings of 2011 IEEE Conference on Computer Vision and Pattern Recognition, Providence, RI, IEEE, 2011: 2097-2104.

[165] Comaniciu D, Meer P. Mean Shift: A Robust Approach Toward Feature Space Analysis [J]. IEEE Transactions on Pattern Analysis & Machine Intelligence, 2002, 24 (5): 603-619.

[166] Achanta R, Shaji A, Smith K, et al. SLIC superpixels [J]. Epfl Technical Report 149300, 2010.

[167] Chatfield K, Simonyan K, Vedaldi A, et al. Return of the Devil in the Details: Delving Deep into Convolutional Nets [C]. //Proceedings of British Machine Vision Conference, BMVA Press, 2014.

[168] Macqueen J. Some Methods for Classification and Analysis of Multivariate Observations [C]. //Proceedings of 5th

Berkeley Symp. Math. Statistics and Probability. 1967, 1: 281-297.

[169] 徐月芳. 基于遗传模糊 C-均值聚类算法的图像分割 [J]. 西北工业大学学报, 2004, 20 (4): 549-553.

[170] Ding C, He X. Linearized cluster assignment via spectral ordering [C]. //Proceedings of Twenty-first International Conference on Machine Learning, 2004.

[171] Ng A Y, Jordan M U, Weiss Y. on spectral clustering: Analysis and an alogoritm [C]. //Proceedings of Advances in Neural Information Processing System 14, MIT Press, 2001: 849-856.

[172] Frey B J, Delbert D. Clustering by passing messages between data points [J]. Science, 2007, 315: 972-976.

[173] 刘岩, 岳应娟, 李言俊, 等. 基于粗糙集的图像聚类分割方法研究 [J]. 红外与激光工程, 2004, (3): 300-302.

[174] 肖宇. 聚类分析及其在图像处理中的应用 [D]. 北京交通大学, 2012.

[175] Yang J, Yu K, Gong Y, et al. Linear spatial pyramid matching using sparse coding for image classification [C]. //Proceedings of IEEE Conference on Computer Vision and Pattern Recongnition, Miami, FL, 2009, 1794-1801.

[176] Lafferty J, Mccallum A, Pereira F. Probabilistic Models for Segmenting and Labeling Sequence Data [C]. //Proceedings of the 18th International Conference on Machine Learning, 2001, 282-289.

[177] Qin T, Liu T Y, Zhang X D, et al. Global Ranking Using Continuous Conditional RandomFields [C]. // Proceedings of the 22 Annual Conference on Neural Information Processing Systems, Vancouver, British Columbia, Canada, 2008: 1281-1288.

[178] Karsch K, Liu C, and Kang S B. DepthTransfer: Depth Extraction from Video Using Non-parametric Sampling [J]. IEEE Transactions on Pattern Analysis and Machine Intelligence, 2014, 36 (11): 2144-2158.